JIAKONG SHUDIAN XIANLU WURENJI XUNJIAN
YINGYONG PEIXUN JIAOCAI

架空输电线路无人机巡检应用培训教材

国网宁夏电力有限公司检修公司　编

中国电力出版社
CHINA ELECTRIC POWER PRESS

内 容 提 要

本书共分六章。第一章概要介绍无人机基础知识及理论，第二章至第六章分别介绍无人机组装、调试、保养及维护，无人机巡检技术，无人机自主巡检技术，无人机检测技术应用和无人机辅助检修技术应用。

本书主要面向电力系统一线巡检工作人员，也可作为设备供应商和无人机相关专业人员、高等院校师生的参考用书。

图书在版编目（CIP）数据

架空输电线路无人机巡检应用培训教材 / 国网宁夏电力有限公司检修公司编. —北京：中国电力出版社，2021.12（2026.1重印）
ISBN 978-7-5198-6256-5

Ⅰ. ①架… Ⅱ. ①国… Ⅲ. ①无人驾驶飞机–应用–架空线路–输电线路–巡回检测–技术培训–教材 Ⅳ. ①TM726.3

中国版本图书馆 CIP 数据核字（2021）第 253091 号

出版发行：中国电力出版社
地　　址：北京市东城区北京站西街 19 号（邮政编码 100005）
网　　址：http://www.cepp.sgcc.com.cn
责任编辑：雍志娟（010-63412255）
责任校对：黄　蓓　常燕昆
装帧设计：郝晓燕
责任印制：石　雷

印　　刷：北京天泽润科贸有限公司
版　　次：2021 年 12 月第一版
印　　次：2026 年 1 月北京第五次印刷
开　　本：787 毫米×1092 毫米　16 开本
印　　张：12.5
字　　数：215 千字
定　　价：45.00 元

编 委 会

主　任　宋永强

副主任　黎　炜　严南征　王晓平

成　员　朱　琳　乔成银　卢　军　吴建宁　朱欣军
郑　仟　谢贵文　拜建仁　李　文　曹　凯
胡　琨　桑　苗　王　倩　刘春玲　程　东

编 写 组

主　编　严南征

副主编　吴建宁　朱欣军

成　员　郑　仟　谢贵文　拜建仁　高海鹏　白　陆
罗宏洋　海发林　杨少宾　康　瑞　张　悦
李　波　庞小龙　陈　炜　邹伟华　于晓清
马聪慧　李　伟　郭瑞红　马　宁　王宗瑞
马玉慧　靳国栋

审 核 组

组　长　王晓平

副组长　李　文　曹　凯

成　员　潘伟峰　杨　炯　李　宁　王　玄　屠晓立

前　　言

无人机具有分辨率高的特点，可以有效弥补卫星遥感的不足和解决卫星遥感应急不及时的问题，对无人机重要作用的发挥具有十分重要的意义。随着我国社会经济迅猛发展，对电力系统运行的稳定性和安全性要求更高，将无人机应用于我国电力系统中，可以有效提高线路检查工作的质量和线路检测工作的效率。因此，现阶段电力系统需要针对无人机的特点，合理应用无人机，只有这样才能为电力系统的安全、稳定运行提供充分的保障。

本教材将从无人机基础知识及理论，无人机组装、调试、保养及维护，无人机巡检技术，无人机自主巡检技术，无人机检测技术应用和无人机辅助检修技术应用这六个方面展开，具体说明无人机巡检在架空输电线路上的应用。

在本书编写过程中，得到国网宁夏电力有限公司的大力支持，在此表示衷心感谢！

由于编写水平所限，书中难免存在不妥或疏漏之处，希望广大读者批评指正。

作　者

2021 年 12 月

目　　录

第一章　无人机基础知识及理论

（一）架空输电线路巡检技术发展史（见图 1-1）

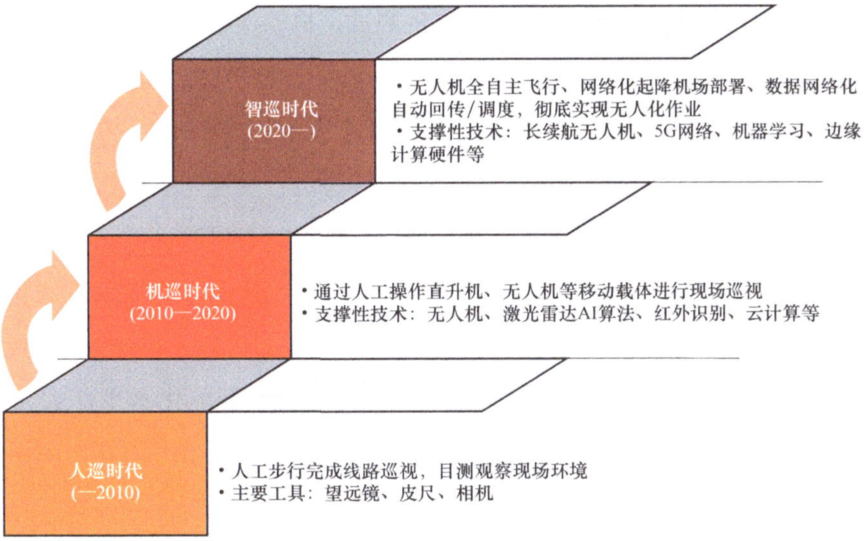

图 1－1　架空输电线路巡检技术发展史

1. 人巡时代

传统的输电线路巡检主要是人工步行进行输电线路巡检，目测观察现场环境，主要采用的辅助工具是望远镜、皮尺及相机，这种巡检方式效率低、质量差、速度慢，不能很好地掌握巡检员执勤的到位情况，也不能及时掌握隐患情况及跟踪管理，不利于实施巡视检修和抢修任务分派、就近调度；对于危及输电线路和附属设施运行安全的记录也不能全面地存档，在数字化分析管理和辅助决策的实施方面滞后。而且架空线路分布于户外广阔地域，地理环境复杂，人工巡检方式阻碍智能电网的发展，特别是环境条件恶劣的区域，巡线方式亟待改进。随着国民经济的快速发展，电网设备规模持续增长，110（66）kV 及以上架空线路长度超过百万千米，专业人员数量与设备规模持续增长的矛盾日益突出。

2. 机巡时代

机巡时代主要以无人驾驶的无人机巡检为主。目前，由于有人直升机巡检价格比较昂贵，费用支出较高，在未来智能电网巡检中，可选用固定翼无人机巡检系统。由国内电力公司研发与试应用的同步智能电力线路无人飞行巡检系统，在带电线路上已经试飞成功。它体积小（长不到 3m、高不到 1m），机动灵活，巡检费用较直升机耗资低。

输电线路无人机巡检系统分为无人直升机平台和检测系统两部分，无人直升机平台负责完成飞行任务；检测系统负责完成输电线路和杆塔的检测。

此处以“多旋翼无人机”为例，目前实现了一键式自主升降、航线自动跟踪、轨迹实时展示、三维程控飞行、可见光与红外双重测试、自动巡检、多路双向同步传输、安全预警策略、红外热图分析等九大功能。该系统可对 110～750kV 输电线路巡检，每次飞行时间可达 1h，每小时巡检线路 20km。每飞 4 个架次相当于出动 20 名巡线员一整天的工作量，而且不受地理环境的限制，可对输电线路进行快速、大范围巡检；如发现异常，使用多旋翼无人机巡检系统前往异常点精细巡检；对于检测到的缺陷，多旋翼无人机将搭载线路作业机器人开展消缺工作。按照预设的三维度对输电线路、铁塔进行拍照和视频拍摄，并将检测到的数据和图像实时传输到地面测控车的监控后台上。这种输电线路多维度巡检作业模式，将极大地提升线路运行维护智能化水平，大大提高输电线路供电可靠性，减少运维人员，提高运维效率，降低运维成本。因此，应用前景比较广阔。

3. 智巡时代

2013 年以来，电力行业积极推进构建直升机、无人机和人工（人机）协同巡检工作模式，大力推广无人机巡检应用，运检效益明显提升。随着无人机的大量应用，目前仍存在作业自主化程度低、数据分析智能化程度不足、发展水平不均衡等问题，造成无法充分发挥无人机的优势，也无法有效提升人员的生产率。2019 年，围绕电力行业发展战略，输电专业提出了“三个转变”发展目标，编制印发了《架空输电线路无人机智能巡检作业体系建设三年工作计划（2019—2021 年）》（设备输电〔2019〕80 号）。2020 年是全面落实无人机智能巡检作业体系建设的承上启下关键一年，为了全面推进无人机智能巡检作业体系建设，实现以无人机为主的协同自主巡检模式转变。

在国网公司《统一加强智能电网发展规划纲要》蓝图规划下，以特高压为骨架的电网规模不断扩张，长距离跨区域输电线路增长迅速，智能输电、智能调度规模与日俱增，电网结构的优化不断升级，这就需要有配套的线路日常运行维护、检修，故障探测及带电作业的先进技术与之相适应，传统的人工巡检线路方式已难以满足现代化大电网的发展要求，迫切需要发展线路智能巡视技术，提高输电线路巡检质量和效率。

（1）GPS 智能巡线仪巡检。智能巡线实现了无纸记录。巡线前，工作人员先将巡线任务输进 GPS 巡线仪。巡线中，轻点笔触就可以对缺陷、危险点处理情况等进行选择并保存。工作后，所有的信息报送工作都实现了数字化传输和管理。

这一巡线智能技术可实现：巡线人员一下车，其卫星导航功能自动启动，随即显示路线与巡线员的实时位置，以帮助巡线员准确到达目的地。GPS 巡线仪还能准确定位每一座杆塔的三维坐标，极大地避免了巡线员在复杂地势因走错路而巡错线路，造成的不必要工时浪费。若巡线人员在非杆塔附近停留超过半个小时以上，后台系统就会发出警报。此外，巡线仪还会自动记录当日巡线员到达各地点所需的时间，以便后台管理人员在今后工作中根据路线长短、路况、天气等因素科学合理地分配巡线任务，避免巡线员疲劳工作，从而提升巡检质量和人身安全。

（2）直升机智能巡检。直升机智能巡检是通过直升机机载高清可见光摄像机、全数字动态红外热像仪、紫外成像仪、差分 GPS 定位仪、飞行姿态检测仪等设备及智能巡检软件系统，通过高清拍摄、悬停、定点拍照，对输电导地线、金具、绝缘子及铁塔锈蚀和污秽情况进行监测，即时诊断线路本体存在的各类缺陷以及测量线路交叉跨越距离等数据，并将画面实时传送至地面控制台，自动生成巡检报告。

与人工巡线相比，直升机智能巡检可以沿导线飞行，离铁塔距离最近可达到20～25m左右，能全方位地了解线路设施装备的运行情况，发现如铁塔塔顶锈蚀、导线上的雷击点、导线或地线断股等地面目测观察难以发现的缺陷。采用直升机全面巡检 500kV 线路是对目前人工地面巡线的有效补充。

另外，直升机智能巡检不但减少地面生态植被破坏，且不受地形限制，还可以大大降低人工地面巡线劳动强度，浙江省××市供电局采用直升机试飞巡线的试验数据显示，人工巡检 30 天的劳动，采用直升机 3 天就可以完成，达到了减轻人员的作业危险性，提高工作效率的目的。

直升机智能巡检由于具有安全、准确、高效等优点，必将成为架空高压输电线路巡检现代化的理想工具。

（3）智能机器人巡检。高压线路站间自主巡线机器人是由两根长长的“手臂”、数据诊断传输系统、GPS导航识别定位系统以及动力系统等部分组成。当机器人巡查线路时，在GPS导航识别定位系统的指挥下，它可以用带着滑轮的“手臂”在输电线路上行走自如，遇到障碍物时能自动调整“手臂”翻越，灵活地跨越输电线路上的防振锤、耐张线夹、悬锤夹等典型障碍，能跨越影线和转弯，具备一定的爬坡能力，能自带电源和各种探测、分析处理和记录仪器设备，并用所配置的摄像机全程记录设备运行情况。同时，将检测到的数据和图像，通过无线传输系统发送到地面基站。地面人员根据传回的数据，掌握输电线路的运行状态，及时发现线路设施的损伤、缺陷等故障情况。

目前，我国中科院自动化研究所研发的110kV输电线路巡检机器人、500kV地线巡检机器人和武汉大学研发的220kV单分裂相线巡线机器人已经取得阶段性成功，不久将问世应用，他将对我国实现智能化电网建设这一战略性规划起到积极的推动作用。

（4）无人机自主巡检。无人机自主巡检是指在巡检过程中，飞手不需要进行任何干预操作，无人机就能根据已经设定的航迹和任务自主起飞、自主巡检、自主返航，对线路各类设备进行360°无死角精细巡视。

可通过以下三步实现自主巡检：

第一步：三维建模

通过激光雷达获取线路走廊内的高精度三维点云作为基础三维数据，使用人工智能算法自动识别提取关键特征（如杆塔、导地线、绝缘子等）的空间参数，对线路数据进行三维建模，完成导线弧垂、交叉跨越点、净空危险点安全距离和树木生长安全距离分析等一系列设备工况模拟分析，提前预估设备运行状况并进行预警。

第二步：形成航迹

借助深度学习算法，自动实现杆塔本体精细化巡检拍照点的精准选定，形成飞行航迹，再上传至无人机飞控系统中。

第三步：自主飞行

无人机达到现场后，依据规划的飞行航迹，在RTK厘米级精度定位信号下进行自主飞行，同时对杆塔重要点位进行拍照、采集。

（二）无人机巡检系统专业术语

1. 无人机 unmanned air vehicle（UAV）

一种由动力驱动、机上无人驾驶、可重复使用的航空器，具有遥控、半自主、自主三种飞行控制方式。❶

2. 人机航空摄影 aerial photography of UAV

以无人机为飞行平台，以影像传感器为任务设备进行的航空摄影。❷

3. 无人机航摄系统 aerial photography system of UAV

以无人机为平行平台、以影像传感器为任务设备的航空遥感影像获取系统。一般包括飞行平台、飞控系统、地面监控系统、数码相机、数据传输系统、发射与回收系统、地面保障设备七部分。❸

4. 手动操作飞行 manual operation off light

由操作人员通过遥控器直接控制姿态执行模块，从而调整无人机飞行的飞行模式。❹

5. 自动飞行 automatic flight

由飞行控制系统按照预先规制的航线自动控制无人机飞行的飞行模式。❺

6. 无人机巡检系统 unmanned aerial vehicle inspection system

指利用无人机搭载可见光、红外等检测设备，完成架空输电线路巡检任务的作业系统。一般由无人机分系统、任务载荷分系统和综合保障分系统组成，包括无人直升机（按结构形式一般分为单旋翼带尾桨式和多旋翼式）巡检系统和固定翼无人机巡检系统。❻

7. 机载追踪器 airborne tracker

不依赖于机载电源和数传电台工作，能通过定时自动或受控应答方式与工作人员取得联系，确定无人机所在位置信息的机载设备。❼

8. 机头重定向 nose redirection

对无人机机头朝向进行重新指定，无论无人机机头指向何方，均能按手柄或按键的

---

❶ 国家电网公司企业标准 Q/GDW 1945—2013《输变电工程无人机航空摄影测量技术应用导则》

❷ 国家电网公司企业标准 Q/GDW 1945—2013《输变电工程无人机航空摄影测量技术应用导则》

❸ 国家电网公司企业标准 Q/GDW 1945—2013《输变电工程无人机航空摄影测量技术应用导则》

❹ 中华人民共和国电力行业标准 DL/T 1482—2015《架空输电线路无人机巡检作业技术导则》

❺ 中华人民共和国电力行业标准 DL/T 1482—2015《架空输电线路无人机巡检作业技术导则》

❻ 国家电网公司企业标准 Q/GDW 11383—2015《架空输电线路无人机巡检系统配置导则》

❼ 国家电网公司企业标准 Q/GDW 11383—2015《架空输电线路无人机巡检系统配置导则》

操控方向飞行。❶

9. 操控手 manual operator

利用遥控器以手动或增稳模式控制无人机巡检系统飞行的工作人员。❷

10. 程控手 program operator

利用地面控制站以增稳或全自主模式控制无人机巡检系统飞行的工作人员。❸

11. 任务手 mission operator

操控机载任务设备对巡检目标进行拍照、摄像的工作人员。❹

12. 固定翼无人机巡检 fixed-win gun manned aerial vehicle inspection

使用固定翼无人机及其任务设备（可见光照相机、摄像机等）对输电线路通道及本体等进行巡视检查，根据所用固定翼无人机巡检系统的不同，分为中型固定翼无人机巡检和小型固定翼无人机巡检。❺

13. 固定翼无人机巡检系统 fixed-win gun manned aerial vehicle inspection system

固定翼无人机携带可见光照相机、摄像机等任务设备，完成架空输电线路巡检任务的作业系统。一般由固定翼无人机分系统、任务载荷分系统和综合保障分系统组成。❻

14. 中型固定翼无人机 medium-sized fixed-win gun manned aeria

指空机质量大于 7kg 且不大于 20kg 的固定翼无人机，续航时间一般不小于 2h。❼

15. 小型固定翼无人机 small fixed-win gun manned aerial

指空机质量小于等于 7kg 的固定翼无人机，续航时间一般不小于 1h。❽

16. 手动飞行模式 manual fight

不依赖导航定位系统，固定翼无人机不受飞控系统闭环控制的飞行模式。❾

17. 增稳飞行模式 augmentation fight

导航定位系统不参与控制，飞行控制系统控制固定翼无人机飞行姿态，操作人员控

---

❶ 国家电网公司企业标准 Q/GDW 11383—2015《架空输电线路无人机巡检系统配置导则》
❷ 国家电网公司企业标准 Q/GDW 11383—2015《架空输电线路无人机巡检系统配置导则》
❸ 国家电网公司企业标准 Q/GDW 11383—2015《架空输电线路无人机巡检系统配置导则》
❹ 国家电网公司企业标准 Q/GDW 11383—2015《架空输电线路无人机巡检系统配置导则》
❺ 国家电网公司企业标准 Q/GDW 11386—2015《架空输电线路固定翼无人机巡检技术规程》
❻ 国家电网公司企业标准 Q/GDW 11386—2015《架空输电线路固定翼无人机巡检技术规程》
❼ 国家电网公司企业标准 Q/GDW 11386—2015《架空输电线路固定翼无人机巡检技术规程》
❽ 国家电网公司企业标准 Q/GDW 11386—2015《架空输电线路固定翼无人机巡检技术规程》
❾ 国家电网公司企业标准 Q/GDW 11384—2015《架空输电线路固定翼无人机巡检系统》

制速度、航向、高度等的飞行模式。[1]

18. 全自主起降 automatic take off and landing

无人直升机无需人工操作，能按照预先设置的指令自动完成起飞、着陆任务。[2]

19. 全自主飞行模式 automatic fight

无人直升机完全由飞控系统闭环控制的飞行模式。[3]

20. 滑跑起降 sliding take off and landing

固定翼无人机在起飞和降落时需要在跑道上滑行一段距离的起降方式。[4]

21. 弹射起飞 catapult take off

固定翼无人机利用弹射装置施加推力，提高初始速度完成起飞的方式。[5]

22. 手抛起飞 hand throw take off

固定翼无人机借助人力抛掷完成起飞的方式。[6]

23. 机腹擦地着陆 belly landing

固定翼无人机借助机腹与地面的摩擦完成降落回收的方式。[7]

24. 伞降回收 parachute landing

固定翼无人机利用降落伞完成降落回收的方式。[8]

25. 撞网回收 arrestted landing

固定翼无人机利用拦阻网和缓冲装置完成降落回收的方式。[9]

26. 三维程控飞行 3D programmed fight

由计算机自动控制无人机按照预设航线变高程飞行的控制方式。[10]

27. 真高 actual height

固定翼无人机飞行时距离地面的垂直距离。[11]

[1] 国家电网公司企业标准 Q/GDW 11384—2015《架空输电线路固定翼无人机巡检系统》
[2] 国家电网公司企业标准 Q/GDW 11384—2015《架空输电线路固定翼无人机巡检系统》
[3] 国家电网公司企业标准 Q/GDW 11384—2015《架空输电线路固定翼无人机巡检系统》
[4] 国家电网公司企业标准 Q/GDW 11384—2015《架空输电线路固定翼无人机巡检系统》
[5] 国家电网公司企业标准 Q/GDW 11384—2015《架空输电线路固定翼无人机巡检系统》
[6] 国家电网公司企业标准 Q/GDW 11384—2015《架空输电线路固定翼无人机巡检系统》
[7] 国家电网公司企业标准 Q/GDW 11384—2015《架空输电线路固定翼无人机巡检系统》
[8] 国家电网公司企业标准 Q/GDW 11384—2015《架空输电线路固定翼无人机巡检系统》
[9] 国家电网公司企业标准 Q/GDW 11384—2015《架空输电线路固定翼无人机巡检系统》
[10] 国家电网公司企业标准 Q/GDW 11384—2015《架空输电线路固定翼无人机巡检系统》
[11] 国家电网公司企业标准 Q/GDW 11384—2015《架空输电线路固定翼无人机巡检系统》

28. 一键返航 a key to return

不论无人机处于何种飞行状态，只要操作人员通过地面控制站或遥控手柄上的特定功能键（按钮）启动该功能，无人机应中止当前任务，按预先设定的策略返航。❶

29. 任务载荷 mission payload

搭载在无人直升机上，为完成检测、采集和记录架空输电线路信息等特定任务功能的设备或装置。❷

30. 航行灯 naviagation light

无人直升机巡检系统上用以表示自身位置和运动方向的信号灯。❸

31. 飞行数据记录仪 fight data recorder

安装在无人机上，用于记录系统工作状况和工作参数等飞行数据的设备。❹

32. 红外热图 infrared thermography

是将红外辐射能转换为相应的电讯号显示出的可见图像。❺

33. 手动拍照 manual photo

需要人工操控地面站控制系统下达拍照指令完成的拍照任务。❻

34. 自动程序拍照 automatic photo

无需人工操作，可按照预设程序（包括地理坐标、拍摄角度、时间间隔等）对巡检目标完成拍照。❼

35. 步进拍照 stepping photo

无需人工操作，任务设备可按照预设程序对巡检目标完成扫描拍照的功能。❽

36. 无人机巡检作业 unmanned aerial vehicle inspection work

利用无人机巡检系统对架空输电线路本体和附属设施的运行状态、通道走廊环境等进行检查和检测的工作。根据所用无人机巡检系统的不同，分为中型无人直升机巡检作业、小型无人直升机巡检作业和固定翼无人机巡检作业。❾

---

❶ 国家电网公司企业标准 Q/GDW 11384—2015《架空输电线路固定翼无人机巡检系统》

❷ 国家电网公司企业标准 Q/GDW 11385—2015《架空输电线路无人直升机巡检系统》

❸ 国家电网公司企业标准 Q/GDW 11385—2015《架空输电线路无人直升机巡检系统》

❹ 国家电网公司企业标准 Q/GDW 11385—2015《架空输电线路无人直升机巡检系统》

❺ 国家电网公司企业标准 Q/GDW 11385—2015《架空输电线路无人直升机巡检系统》

❻ 国家电网公司企业标准 Q/GDW 11385—2015《架空输电线路无人直升机巡检系统》

❼ 国家电网公司企业标准 Q/GDW 11385—2015《架空输电线路无人直升机巡检系统》

❽ 国家电网公司企业标准 Q/GDW 11385—2015《架空输电线路无人直升机巡检系统》

❾ 中华人民共和国电力行业标准 DL/T1578—2016《架空输电线路小型无人直升机巡检系统试验方法》

37. 巡检作业点 inspection point

中小型无人直升机巡检作业时，无人直升机巡检系统停留进行拍照、摄像等作业的位置。❶

38. 空中管制区 air traffic control area

为维护空中交通秩序、保障空中交通安全和国家安全，按照国家有关法规划设，对航空器在空间内活动应遵守的规则、方式和时间等进行了规定和限制的区域。民用航空的空中管制区包括塔台管制区、禁进管制区和区域管制区等，此外还包括但不限于以下区域：

空中禁区：是由国家划设的、未按照国家有关规则经特别批准，任何航空器不得飞入的空间；空中限制区：由管制部门划设的，在规定时限内，未经管制部门许可的航空器禁止飞入的空间。空中危险区：由管制部门划设，供对空射击或者发射使用的，在规定时限内，禁止无关航空器飞入的空间。❷

39. 目视可及 visually accessible

人员通过直接目视可看见无人机巡检系统的范围。❸

40. 巡检航线 inspection route

巡检作业时无人机巡检系统的飞行路线。路线周边不应存在影响无人机巡检系统安全起飞、飞行和降落的地形地貌、建筑以及其他障碍物等。❹

（三）无人机飞行安全守则

1. 一般要求

为加强架空输电线路无人机巡检作业现场管理，规范各类作业人员的行为，保证人身、电网和设备安全，应遵循国家有关法律、法规，并结合电力生产的实际，开展架空输电线路无人机巡检作业。

（1）作业现场的基本条件。

1）现场复勘。作业前使用风速仪进行风力等级检测，风力大于 5 级及以上严禁开展巡检作业；如遇雷、雨、雪、大雨、冰雹等恶劣天气严禁作业；输电线路在跨越高速铁路两侧杆塔时，严禁无人机巡检作业。

❶ 中华人民共和国电力行业标准 DL/T 1578—2016《架空输电线路小型无人直升机巡检系统试验方法》

❷ 中华人民共和国电力行业标准 DL/T 1578—2016《架空输电线路小型无人直升机巡检系统试验方法》

❸ 中华人民共和国电力行业标准 DL/T 1578—2016《架空输电线路小型无人直升机巡检系统试验方法》

❹ 中华人民共和国电力行业标准 DL/T 1578—2016《架空输电线路小型无人直升机巡检系统试验方法》

2）布置作业现场。现场应使用工作围栏划分不同的功能区，功能区包括地面站操作区，无人机起降区，工器具摆放区等，各功能区应有明显区分。各功能区应有明显区分。起降区周围应设安全围栏，禁止行人和其他无关人员逗留，特别是在起降过程中，需时刻注意保持与无关人员的安全距离。

首先选择合适的起降场地，应满足以下要求：起降场地应为不小于 2m×2m 大小的平整地面；巡检全过程中，起降场地与无人机应保持通视，保证遥控、通信质量良好；起降场地周围应无高大建筑、线路或树木等障碍物，或地下电缆等干扰源；尽量避免将起降场地设在巡检线路或无人机飞行路径下方、交通繁忙道路及人口密集区附近；若起降区地面尘土、砂砾、树枝等杂物较多，应铺设帆布，防止无人机起飞时杂物卷入螺旋桨面或机体内造成意外。

选定起降区后，在其附近的合适位置架设地面站，架设地面站时，通信天线应确保在巡检全过程中与无人机无遮挡，保持通信质量良好。最后现场布置应保持整洁有序，工器具放置整齐。

总之，作业现场的生产条件和安全设施等应符合有关标准、规范的要求，作业人员的劳动防护用品应合格、齐备。现场使用的安全工器具和防护用品应合格并符合有关要求。经常有人工作的场所及作业车辆上宜配备急救箱，存放急救用品，并指定专人经常检查、补充或更换。作业人员应被告知其作业现场和工作岗位存在的危险因素、防范措施及事故紧急处理措施。

（2）作业人员的基本条件。经医师鉴定，无妨碍工作的病症（体格检查每两年至少一次）。备必要的电气、机械、气象、航线规划等巡检飞行知识和相关业务技能，熟悉 Q/GDW 17992 并经考试合格，获得民航局认可的无人驾驶航空器系统驾驶员资格证。还要具备必要的安全生产知识，学会紧急救护法。

（3）教育和培训。作业人员应接受相应的安全生产教育和岗位技能培训，经考试合格持证上岗。作业人员对本规程应每年考试一次。因故间断无人机巡检作业连续三个月以上者，应重新学习本规程，作业人员还应进行实操复训，经考试合格后，方能恢复工作。新参加无人机巡检工作的人员、实习人员和临时参加作业的人员等，应经过安全知识教育和培训后，方可在有经验的操作手陪同下参加指定工作，且不得单独作业。

（4）空域使用要求。开展架空输电线路无人机巡检作业的各单位应规范化使用空域。无人机巡检作业应严格按国家相关政策法规、当地民航军管等要求规范化使用空域。

工作许可人应根据无人机巡检作业计划，按相关要求办理空域审批手续，并密切跟踪当地空域变化情况。各单位应建立空域申报协调机制，满足无人机应急巡检作业时空域使用要求。

（5）检查。当天巡检作业结束后，应按所用无人机巡检要求进行检查和维护工作，对外观及关键零部件进行检查。

当天巡检作业结束后，应清理现场，核对设备和工器具清单，确认现场无遗漏，将电池取出，并按要求进行保管。

对于无人机自主巡检作业，应对作业航线进行检查、分析，若有调整应及时更新航线数据库中对应信息。

库房管理人员依据归还清单上所列的名称、数量、型号进行核对、清点，并检查好设备的质量，做到数量、规格准确无误，质量完好无损，配套齐全，经检查合格后，领用人在签收单上签字后，方可入库。

（6）其他。在试验和推广新技术、新工艺、新设备时，应制定相应的安全措施，确定无人机巡检系统状态良好，并履行相关审批手续后方可执行。任何人发现有违反本标准的情况，应立即制止，经纠正后才能恢复作业。各作业人员有权拒绝违章指挥和强令冒险作业，在发现直接危及人身安全的紧急情况时，有权停止作业或者在采取可能的紧急措施后撤离作业场所，并立即报告。

2. 相关制度

（1）现场勘察制度。工作负责人、操控手和程控手应提前掌握巡检线路走向和走势、交叉跨越情况、杆塔坐标、周边地形地貌、空中管制区分布、交通运输条件及其他危险点等信息，并确认无误。宜提前确定并核实起飞和降落点环境。

（2）工作许可制度。工作负责人应在工作开始前向工作许可人申请办理工作许可手续，在得到工作许可人的许可后，方可开始工作。工作许可人及工作负责人应分别逐一记录、核对工作时间、作业范围和许可空域，并确认无误。工作负责人应在当天工作前和结束后向工作许可人汇报当天工作情况。

办理工作许可手续方法可采用当面办理、电话办理或派人办理三种方式。当面办理和派人办理时，工作许可人和工作负责人在两份工作单上均应签名。电话办理时，工作许可人及工作负责人应复诵核对无误。当空域许可情况发生变化时，工作许可人应及时通知工作负责人视空域变化情况调整工作计划。

（3）工作监护制度。工作许可手续完成后，工作负责人应向工作班成员交待工作内容、人员分工、技术要求和现场安全措施等，进行危险点告知，在工作班成员全部履行确认手续后，方可开始工作。工作负责人应始终在工作现场，对工作班成员的安全进行认真监护，及时纠正不安全的行为。对工作班成员的操作进行认真监督，确保无人机巡检系统状态正常、航线和安全策略等设置正确。工作负责人应核实确认作业范围地形地貌、气象条件、许可空域、现场环境以及无人机巡检系统状态等满足安全作业要求，任意一项不满足安全作业要求或未得到确认，工作负责人不得下令放飞。

工作期间，工作负责人若因故暂时离开工作现场时，应指定能胜任的人员临时代替，离开前应将工作现场交待清楚，并告知工作班全体成员。原工作负责人返回工作现场时，也应履行同样的交接手续。若工作负责人必须长时间离开工作现场时，应履行变更手续，并告知工作班全体成员及工作许可人。

（4）工作间断制度。在工作过程中，如遇雷、雨、大风以及其他任何情况威胁到作业人员或无人机巡检系统的安全，但可在工作单有效期内恢复正常的，工作负责人可根据情况间断工作，甚至应终结本次工作。若无人机巡检系统已经放飞，工作负责人应立即采取措施，作业人员在保证安全条件下，控制无人机巡检系统返航或就近降落，或采取其他安全策略及应急方案保证无人机巡检系统安全。

在工作过程中，如无人机巡检系统状态不满足安全作业要求，且在工作单有效期内无法修复并确保安全可靠，工作负责人应终结本次工作。已办理许可手续但尚未终结的工作，当空域许可情况发生变化不满足要求，但可在工作单有效期内恢复正常，工作负责人可根据情况间断工作，否则应终结本次工作。若无人机巡检系统已经放飞，工作负责人应立即采取措施，控制无人机巡检系统返航或就近降落。

白天工作间断时，应将发动机处于停运状态、电机下电，并采取其他必要的安全措施，必要时派人看守。恢复工作时，应对无人机巡检系统进行检查，确认其状态正常。即使工作间断前已经完成系统自检，也必须重新进行自检。隔天工作间断时，应撤收所有设备并清理工作现场。恢复工作时，应重新报告工作许可人，对无人机巡检系统进行检查，确认其状态正常，重新自检。

（5）工作终结制度。工作终结后，工作负责人应及时报告工作许可人，报告方法可采用当面报告，也可电话报告。工作终结报告应简明扼要，并包括下列内容：工作负责人姓名、工作班组名称、工作任务（说明线路名称、巡检飞行的起止杆塔号等）已经结束，无人机巡检系统已经回收，工作终结。

3. 安全措施

（1）保证安全的技术措施。

1）航线规划。应根据巡检作业要求和所用无人机巡检系统技术性能严格按照批复后的空域进行航线规划。航线规划应避开空中管制区、重要建筑和设施，尽量避开人员活动密集区、通信阻隔区、无线电干扰区、大风或大风多发区和森林防火区等地区。对首次进行无人机巡检作业的线段，航线规划时应留有充足裕量，与以上区域保持足够的安全距离。航线规划时，无人机巡检系统飞行航时应留有裕度。对已经飞行过的巡检作业航线，每架次任务的飞行航时应不超过无人机巡检系统作业航时，并留有一定裕量。对首次实际飞行的巡检作业航线，每架次任务的飞行航时应充分考虑无人机巡检系统作业航时，留有充足裕量。

除特殊情况下的跨公路、铁路巡检要求外，无人机巡检系统不得在公路、铁路两侧路基外各 100m 之间飞行、距油气管线边缘距离不得小于 100m，航线也不得跨越高速铁路，尽量避免跨越高速公路。选定的无人机巡检系统起飞和降落区应远离公路、铁路、重要建筑和设施，尽量避开周边军事禁区、军事管理区、森林防火区和人员活动密集区等，且满足对应机型的技术指标要求。另外不得在无人机巡检系统飞行过程中更改巡检航线。

2）安全策略设置。应充分考虑无人机巡检系统在飞行过程中出现偏离航线、导航卫星颗数无法定位、通信链路中断、动力失效等故障的可能性，以及巡检过程中气象条件和空域许可等情况发生变化的可能性，合理设置安全策略。

（2）安全注意事项。

1）一般注意事项。使用的无人机巡检系统应通过试验检测。作业时应严格遵守相关技术规程要求，严格按照所用机型要求进行操作。现场应携带所用无人机巡检系统飞行履历表、操作手册、简单故障排查和维修手册。工作地点、起降点及起降航线上应避免无关人员干扰，必要时可设置安全警示区。现场禁止使用可能对无人机巡检系统通信链路造成干扰的电子设备。

带至现场的油料应单独存放，并派专人看守。作业现场严禁吸烟和出现明火，并做好灭火等安全防护措施。加油及放油应在无人机巡检系统下电、发动机熄火、旋翼或螺旋桨停止旋转以后进行，操作人员应使用防静电手套，作业点附近应准备灭火器。加油时如出现油料溢出，应擦拭干净并检查无人机巡检系统表面及附近地面确无油料时，方可进行系统上电以及发动机点火等操作。雷电天气不得进行加油和放油操作。在雨、雪、风沙天气条件时，应采取必要的遮蔽措施后才能进行加油和放油操作。

起飞和降落时，现场所有人员应与无人机巡检系统始终保持足够的安全距离，不得位于起飞和降落航线下，应穿戴长袖棉质服装，工作 8h 及工作过程中不应饮用任何酒精类饮品。巡检作业现场所有人员均应正确佩戴安全帽和穿戴个人防护用品，正确使用安全工器具和劳动防护用品。工作时，工作班成员禁止使用手机，除必要的对外联系外，工作负责人不得使用手机。现场也不得进行与作业无关的活动。

2）中型无人机巡检作业过程中注意事项。操控手应在巡检作业前一个工作日完成所用中型无人直升机巡检系统的检查，确认状态正常，准备好现场作业工器具以及备品备件等物资，并向工作负责人汇报检查和准备结果。程控手应在巡检作业前一个工作日完成航线规划工作，编辑生成飞行航线、各巡检作业点作业方案和安全策略，并交工作负责人检查无误。应在通信链路畅通范围内进行巡检作业。

宜采用自主起飞，增稳降落模式；起飞和降落点宜相同，巡检航线应位于被巡线路的侧方，且宜在对线路的一侧设备全部巡检完后再巡另一侧。

沿巡检航线飞行宜采用自主飞行模式，即使在目视可及范围内，也不宜采用增稳飞行模式。沿巡检航线飞行过程中，在确保安全时可根据巡检作业需要临时悬停或解除预设的程控悬停，无人直升机巡检系统悬停时应顶风悬停，且不应在设备、建筑、设施、公路和铁路等的上方悬停，不得在重要建筑和设施的上空穿越飞行。

任务手与程控手之间应保持信息畅通，无人直升机巡检系统到达巡检作业点后，程控手应及时通报任务手，由任务手操控任务设备进行拍照、摄像等作业，任务手完成作业后应及时向程控手汇报。若无人直升机巡检系统在巡检作业点处的位置、姿态以及悬停时间等需要调整以满足拍照和摄像作业的要求，任务手应及时告知程控手具体要求，由程控手根据现场情况和无人直升机状态决定是否实施。实施操作应由程控手通过地面站进行。巡检作业时，无人直升机巡检系统距线路设备距离不宜小于 30m、水平距离不宜小于 25m，距周边障碍物距离不宜小于 50m。巡检飞行速度不宜大于 15m/s。

3）小型多旋翼无人机巡检作业过程中注意事项。操控手应在巡检作业前一个工作日完成所用多旋翼无人机巡检系统的检查，确认状态正常，准备好现场作业工器具以及备品备件等物资。应在通信链路畅通范围内进行巡检作业。无人机通常采用自主或增稳飞行模式控制无人机巡检系统在目视可及的范围内飞至巡检作业点拍照摄像等，不应采用手动飞行模式。

程控手与操控手之间应保持信息畅通，若需要对多旋翼无人机巡检系统的位置、姿态等进行调整，程控手应及时告知操控手具体要求，由操控手根据现场情况和多旋翼无人机状态决定是否实施，实施操作应由操控手通过遥控器进行。

多旋翼无人机巡检系统不应长时间在设备上方悬停，不应在重要建筑及设施、公路和铁路等的上方悬停。

4）使用固定翼无人机巡检作业过程中注意事项。操控手应在巡检作业前一个工作日完成所用固定翼无人机巡检系统的检查，确认状态正常，准备好现场作业工器具以及备品备件等物资，并向工作负责人汇报检查和准备结果。程控手应在巡检作业前一个工作日完成航线规划工作，编辑生成飞行航线、各巡检作业点作业方案和安全策略，并交工作负责人检查无误。

巡检航线任一点应高出巡检线路包络线 100m 以上。起飞和降落宜在同一场地。使用弹射起飞方式时，应防止橡皮筋断裂伤人，同时弹射架应固定牢靠，且有防误触发装置，巡检飞行速度不宜大于 30m/s。

① 航前检查。应确认当地气象条件是否满足所用无人机巡检系统起飞、飞行和降落的技术指标要求。掌握航线所经地区气象条件，判断是否对无人机巡检系统的安全飞行构成威胁，若不满足要求或存在较大安全风险，工作负责人可根据情况间断工作、临时中断工作或终结本次工作。

放飞前应检查起飞和降落点周围环境，确认满足所用无人机巡检系统的技术指标要求，并对无人机巡检系统的动力系统、导航定位系统、飞控系统、通信链路、任务系统等进行检查，当发现任一系统出现不适航状态，应认真排查原因并修复，在确保安全可靠后方可放飞。若自检结果中有告警或故障信息，应认真排查原因及修复，在确保安全可靠后方可放飞。对复杂地形、复杂气象条件下或夜间开展的无人机巡检作业以及现场勘察认为危险性、复杂性和困难程度较大的无人机巡检作业，应专门编制组织措施、技术措施、安全措施，并履行相关审批手续后方可执行。实际飞行巡检范围不应超过批复的空域，且在办理空域审批手续时，应按实际飞行空域申报，不应扩大许可范围。

对架空输电线路进行无人机巡检作业，应完成填用架空输电线路无人机巡检作业工作单和填用架空输电线路无人机巡检作业工作单。填用架空输电线路无人机巡检作业工作单的工作为：使用中型无人直升机和固定翼无人机巡检系统按计划开展的线路设备巡检、通道环境巡视、线路勘察和灾情巡视等工作；填用架空输电线路无人机巡检作业工作单的工作为：使用小型无人直升机巡检系统开展的线路设备巡检、通道环境巡视、线路勘察和灾情巡视等工作。

② 航巡监控。各类型无人机巡检系统的飞行高度、速度等应满足该机型技术指标要求，且满足巡检质量要求。无人机巡检系统放飞后，宜在起飞点附近进行悬停或盘旋飞行，作业人员确认系统工作正常后方可继续执行巡检任务。否则，应及时降落，排查原因、修复，在确保安全可靠后方可再次放飞。

程控手应始终注意观察无人机巡检系统发动机或电机转速、电池电压、航向、飞行姿态等遥测参数，判断系统工作是否正常。如有异常，应及时判断原因，采取应对措施。也必须始终注意观察无人机巡检系统飞行姿态，发动机或电机运转声音等信息，判断系统工作是否正常，如有异常，应及时判断原因采取应对措施。

采用自主飞行模式时，操控手应始终掌控遥控手柄，且处于备用状态，注意按程控手指令进行操作，操作完毕后向程控手汇报操作结果。在目视可及范围内，操控手应密切观察无人机巡检系统飞行姿态及周围环境变化。突发情况下，操控手可通过遥控手柄立即接管控制无人机巡检系统的飞行，并向程控手汇报。

采用增稳或手动飞行模式时，程控手应及时向操控手通报无人机巡检系统发动机或电机转速、电池电压、航迹、飞行姿态、速度及高度等遥测信息。当无人直升机巡检系统飞行中出现链路中断故障，巡检系统可原地悬停等候 1～5min，待链路恢复正常后继续执行巡检任务。若链路仍未恢复正常，可采取沿原飞行轨迹返航或升高至安全高度后返航的安全策略。

无人机巡检系统飞行时，程控手应密切观察无人机巡检系统飞行航迹是否符合预设航线。当飞行航迹偏离预设航线时，应立即采取措施控制无人机巡检系统按预设航线飞行，并再次确认无人机巡检系统飞行状态正常可控。否则应立即采取措施控制无人机巡检系统返航或就近降落，待查明原因，排除故障并确认安全可靠后，方可重新放飞执行巡检作业。各相关作业人员之间应保持信息畅通。

③ 航后检查。当天巡检作业结束后，应按所用无人机巡检系统要求进行检查和维护工作，对外观及关键零部件进行检查。当天巡检作业结束后，应清理现场，核对设备和工器具清单，确认现场无遗漏。对于油动力无人机巡检系统，应将油箱内剩余油品抽出，对于电动力无人机巡检系统，应将电池取出，取出的油品和电池应按要求保管。

4. 巡检作业异常处理

（1）设备异常处理。无人机巡检系统在空中飞行时发生故障或遇紧急意外情况等，应尽可能控制无人机巡检系统在安全区域紧急降落。若通信链路长时间中断，且在预计时间内仍未返航，应根据掌握的无人机巡检系统最后地理坐标位置或机载追踪器发送的报文等信息及时寻找。

（2）特殊工况应急处理。巡检作业区域出现雷雨、大风等可能影响作业的突变天气时，应及时评估巡检作业安全性，在确保安全后方可继续执行巡检作业，否则应采取措施控制无人机巡检系统避让、返航或就近降落。巡检作业区域出现其他飞行器或漂浮物时，应立即评估巡检作业安全性，在确保安全后方可继续执行巡检作业，否则应采取避让措施。无人机巡检系统飞行过程中，若班组成员身体出现不适或受其他干扰影响作业，应迅速采取措施保证无人机巡检系统安全，情况紧急时，可立即控制无人机巡检系统返航或就近降落，有效措施防止无人机巡检系统故障或事故后引发火灾等次生灾害。无人机巡检系统发生坠机等故障或事故时，应妥善处理次生灾害并立即上报，及时进行民事协调，做好舆情监控。

5. 设备及资料管理

（1）设备管理。当天巡检作业结束后，应按所用无人机巡检要求对外观及关键零部件进行检查和维护工作，并应清理现场，核对设备和工器具清单，确认现场无遗漏；对作业航线进行检查、分析，若有调整应及时更新航线数据库中对应信息。另外电动无人机应将电池取出，并按要求进行保管。

库房管理人员依据归还清单上所列的名称、数量、型号进行核对、清点，并检查好设备的质量，做到数量、规格准确无误，质量完好无损，配套齐全，经检查合格后，领用人在签收单上签字后，方可入库。

（2）资料管理。每次巡检作业结束后，工作负责人应填写无人机巡检系统使用记录单记录无人机巡检系统作业表现及当前状态等信息，并于第二个工作日内前交维护保养人员。

设备运维单位应建立线路资料信息，包括线路走向和走势、交叉跨越情况、杆塔坐标、周边地形地貌等，并核实无误。同时应提前掌握线路周边重要建筑和设施、人员活动密集区、空中管制区、无线电干扰区、通信阻隔区、大风或切变风多发区、森林防火区和无人区等的分布情况，提前建立各型无人机巡检系统正常以及备选起飞和降落区档案，由工作许可人在地图上进行标注，并及时更新。工作负责人应在每次巡检作业结束后的第二个工作日内前将相关变化情况报送工作许可。

对无人机精细化巡检影像资料、数据和无人机红外测温影像资料进行归档整理和归档分析，红外测温若存在温度异常及时记录并上报。如实填写班后会记录，对工作单进行审核及归档、备查。

（四）无人机相关法律、法规

1.《民用无人机系统驾驶人员的资质管理（AC－61－20R1）》

（1）适用范围。本通告用于民用无人机系统驾驶人员的资质管理。其涵盖范围包括但不限于无机载驾驶人员的无人机系统；有机载驾驶人员的航空器，但该航空器可同时由外部的无人机驾驶员实施完全飞行控制。

（2）法规解释。无论驾驶员是否位于航空器的内部或外部，无人机系统和驾驶员必须符合民航法规在相应章节中的要求。由于无人机系统中没有机载驾驶员，原有法规有关驾驶员部分章节已不能适用，本文件对相关内容进行说明。

（3）定义。本咨询通告使用的术语定义：

无人机（UA：Unmanned Aircraft），也称远程驾驶航空器（RPA：Remotely Piloted Aircraft），是由控制站管理（包括远程操纵或自主飞行）的航空器，见表 1－1。

无人机系统（UAS：Unmanned Aircraft System），也称远程驾驶航空器系统（RPAS：Remotely Piloted Aircraft Systems），是指由无人机、相关的控制站、所需的指令与控制数据链路以及批准的型号设计规定的任何其他部件组成的系统。无人机系统驾驶员，由运营人指派对无人机的运行负有必不可少职责并在飞行期间适时操纵无人机的人。

无人机系统的机长是指在系统运行时间内负责整个无人机系统运行和安全的驾驶员。无人机观测员，由运营人指定的训练有素的人员，通过目视观测无人机，协助无人机驾驶员安全实施飞行，通常由运营人管理，无证照要求。

运营人，指从事或拟从事航空器运营的个人、组织或企业。

控制站，也称遥控站、地面站，无人机系统的组成部分，包括用于操纵无人机的设备。

指令与控制数据链路（C2：Command and Control Date Link），是指无人机和控制站之间为飞行管理之目的的数据链接。

感知与避让是指看见、察觉或发现交通冲突或其他危险并采取适当行动的能力。

表 1-1　　无人机分类

分类	空机重量（kg）	起飞全重（kg）
Ⅰ	0＜W≤1.5	
Ⅱ	1.5＜W≤4	1.5＜W≤7
Ⅲ	4＜W≤15	7＜W≤25
Ⅳ	15＜W≤116	25＜W≤150
Ⅴ	植保类无人机	
Ⅵ	无人飞艇	
Ⅶ	超视距运行的Ⅰ、Ⅱ类无人机	
Ⅺ	116＜W≤5700	150＜W≤5700
Ⅻ	W＞5700	

注：1. 实际运行中，Ⅰ、Ⅱ、Ⅲ、Ⅳ、Ⅺ类分类有交叉时，按照较高要求的一类分类。

2. 对于串、并列运行或者编队运行的无人机，按照总重量分类。

3. 地方政府（例如当地公安部门）对于Ⅰ、Ⅱ类无人机重量界限低于本表规定的，以地方政府的具体要求为准。

无人机感知与避让系统，是指无人机机载安装的一种设备，用以确保无人机与其他航空器保持一定的安全飞行间隔，相当于载人航空器的防撞系统。在融合空域中运行的Ⅺ、Ⅻ类无人机应安装此种系统。

视距内（VLOS：Visual Line of Sight）运行，无人机在驾驶员或观测员与无人机保持直接目视视觉接触的范围内运行，且该范围为目视视距内半径不大于 500m，人机相对高度不大于 120m。

超视距（BVLOS：Beyond VLOS）运行，无人机在目视视距以外的运行。

扩展视距（EVLOS：Extended VLOS）运行，无人机在目视视距以外运行，但驾驶员或者观测员借助视觉延展装置操作无人机，属于超视距运行的一种。

融合空域，是指有其他有人驾驶航空器同时运行的空域。

隔离空域，是指专门分配给无人机系统运行的空域，通过限制其他航空器的进入以规避碰撞风险。

人口稠密区，是指城镇、乡村、繁忙道路或大型露天集会场所等区域。

空机重量，是指不包含载荷和燃料的无人机重量，该重量包含燃料容器和电池等固体装置。

无人机云系统（简称无人机云），是指轻小民用无人机运行动态数据库系统，用于向无人机用户提供航行服务、气象服务等，对民用无人机运行数据（包括运营信息、位置、高度和速度等）进行实时监测。接入系统的无人机应即时上传飞行数据，无人机云系统对侵入电子围栏的无人机有报警功能。

（4）管理机构。

1）自行负责类无人机。无人机系统分类较多，所适用空域远比有人驾驶航空器广阔，因此有必要对无人机系统驾驶员实施分类管理。下列情况下，无人机系统驾驶员自行负责，无须证照管理：在室内运行的无人机；Ⅰ、Ⅱ类无人机（如运行需要，驾驶员可在无人机云系统进行备案。备案内容应包括驾驶员真实身份信息、所使用的无人机型号，并通过在线法规测试）；在人烟稀少、空旷的非人口稠密区进行试验的无人机。

下列情况下，无人机驾驶员由行业协会实施管理，局方飞行标准部门可以实施监督：在隔离空域内运行的除Ⅰ、Ⅱ类以外的无人机；在融合空域内运行的Ⅲ、Ⅳ、Ⅴ、Ⅵ、Ⅶ类无人机。在融合空域运行的Ⅺ、Ⅻ类无人机，其驾驶员由局方实施管理。

2）行业协会对无人机系统驾驶员的管理。实施无人机系统驾驶员管理的行业协会须具备以下条件：正式注册五年以上的全国性行业协会，并具有行业相关性；设立了专门的无人机管理机构；建立了可发展完善的理论知识评估方法，可以测评人员的理论水平；建立了可发展完善的安全操作技能评估方法，可以评估人员的操控、指挥和管理技能；建立了驾驶员考试体系和标准化考试流程，可实现驾驶员训练、考试全流程电子化实时监测；建立了驾驶员管理体系，可以统计和管理驾驶员在持证期间的运行和培训的飞行经历、违章处罚等记录；已经在民航局备案。

行业协会对申请人实施考核后签发训练合格证，在本咨询通告第 5 条第（2）款所述情况下运行的无人机系统中担任驾驶员，必须持有该合格证。

训练合格证应定期更新，更新时应对新的法规要求、新的知识和驾驶技术等内容实施必要的培训，如需要，应进行考核。

行业协会每六个月向局方提交报告，内容包括训练情况、技术进步情况、遇到的困难和问题、事故和事故征候、训练合格证统计信息等。

3）局方对无人机系统驾驶员的管理。

① 执照要求。在融合空域 3000m 以下运行的Ⅺ类无人机驾驶员，应至少持有运动或私用驾驶员执照，并带有相似的类别等级（如适用）；在融合空域 3000m 以上运行的Ⅺ类无人机驾驶员，应至少持有带有飞机或直升机等级的商用驾驶员执照。在融合空域运行的Ⅻ类无人机驾驶员，应至少持有带有飞机或直升机等级的商用驾驶员执照和仪表等级；在融合空域运行的Ⅻ类无人机机长，应至少持有航线运输驾驶员执照。

② 对于完成训练并考试合格人员，在其驾驶员执照上签注如下信息：无人机型号；无人机类型；职位，包括机长、副驾驶。

③ 熟练检查。驾驶员应对每个签注的无人机类型接受熟练检查，该检查每12个月进行一次。

④ 体检合格证。持有驾驶员执照的无人机驾驶员必须持有交通运输部按中国民用航空规章、于2018年颁布的《民用航空人员体检合格证管理规则》（CCAR－67FS）有效体检合格证，并且在行使驾驶员执照权利时随身携带该合格证。

⑤ 航空知识要求。申请人必须接受并记录培训机构工作人员提供的地面训练，完成下列与所申请无人机系统等级相应的地面训练课程并通过理论考试。

航空法规以及机场周边飞行、防撞、无线电通信、夜间运行、高空运行等知识；气象学包括识别临界天气状况，获得气象资料的程序以及航空天气报告和预报的使用。

航空器空气动力学基础和飞行原理；包括无人机主要系统（导航、飞控、动力、链路、电气等）知识、无人机系统通用应急操作程序。

所使用的无人机系统特性，包括：起飞着陆要求，性能，通信、导航和监视功能。具体如下：

性能：飞行速度；典型和最大爬升率；典型和最大下降率；典型和最大转弯率；其他有关性能数据（例如风、结冰、降水限制）；航空器最大续航能力。

通信、导航和监视功能：航空安全通信频率和设备，包括：空中交通管制通信和任何备用的通信手段；指令与控制数据链路（C2），包括性能参数和指定的工作覆盖范围；无人机驾驶员和无人机观测员之间的通信，如适用；导航设备；监视设备（如SSR应答，ADS-B发出）；发现与避让能力；通信紧急程序，包括：ATC通信故障；指令与控制数据链路故障；无人机驾驶员/无人机观测员通信故障，如适用；控制站的数量和位置以及控制站之间的交接程序，如适用。

⑥ 飞行技能与经历要求。申请人必须至少在下列操作上接受并记录了培训机构提供的针对所申请无人机系统等级的实际操纵飞行或模拟飞行训练。

对于机长：空域申请与空管通信，不少于4h；航线规划，不少于4h；系统检查程序，不少于4h；正常飞行程序指挥，不少于20h；应急飞行程序指挥，包括规避航空器、发动机故障、链路丢失、应急回收、迫降等，不少于20h；任务执行指挥，不少于4h。

对于驾驶员：飞行前检查，不少于4h；正常飞行程序操作，不少于20h；应急飞行程序操作，包括发动机故障、链路丢失、应急回收、迫降等，不少于 20h。

上述 A 款内容不包含 B 款所要求内容。

⑦ 飞行技能考试。考试员应由局方认可的人员担任；用于考核的无人机系统由执照申请人提供。

考试中除对上述训练内容进行操作考核，还应对下列内容进行充分口试：所使用的无人机系统特性、所使用的无人机系统正常操作程序及所使用的无人机系统应急操作程序。

2.《民用无人驾驶航空器系统驾驶员管理暂行规定（AC－61－FS－2013－20）》

2015 年 12 月 29 日，飞行标准司出台了《轻小无人机运行规定（试行）（AC－91－FS－2015－31）》，结合运行规定，为了进一步规范无人机驾驶员管理，对原《民用无人驾驶航空器系统驾驶员管理暂行规定（AC－61－FS－2013－20）》进行了第一次修订。修订的主要内容包括重新调整无人机分类和定义，新增管理机构管理备案制度，取消部分运行要求，具体如下：

第一条 为了加强对民用无人驾驶航空器飞行活动的管理，规范其空中交通管理工作，依据《中华人民共和国民用航空法》《中华人民共和国飞行基本规则》《通用航空飞行管制条例》和《民用航空空中交通管理规则》，制定本办法。

第二条 本办法适用于依法在航路航线、进近（终端）和机场管制地带等民用航空使用空域范围内或者对以上空域内运行存在影响的民用无人驾驶航空器系统活动的空中交通管理工作。

第三条 民航局指导监督全国民用无人驾驶航空器系统空中交通管理工作，地区管理局负责本辖区内民用无人驾驶航空器系统空中交通服务的监督和管理工作。空管单位向其管制空域内的民用无人驾驶航空器系统提供空中交通服务。

第四条 民用无人驾驶航空器仅允许在隔离空域内飞行。民用无人驾驶航空器在隔离空域内飞行，由组织单位和个人负责实施，并对其安全负责。多个主体同时在同一空域范围内开展民用无人驾驶航空器飞行活动的，应当明确一个活动组织者，并对隔离空域内民用无人驾驶航空器飞行活动安全负责。

第五条 在本办法第二条规定的民用航空使用空域范围内开展民用无人驾驶航空器系统飞行活动，除满足以下全部条件的情况外，应通过地区管理局评审：

（一）机场净空保护区以外；

（二）民用无人驾驶航空器最大起飞重量小于或等于 7kg；

（三）在视距内飞行，且天气条件不影响持续可见无人驾驶航空器；

（四）在昼间飞行；

（五）飞行速度不大于 120km/h；

（六）民用无人驾驶航空器符合适航管理相关要求；

（七）驾驶员符合相关资质要求；

（八）在进行飞行前驾驶员完成对民用无人驾驶航空器系统的检查；

（九）不得对飞行活动以外的其他方面造成影响，包括地面人员、设施、环境安全和社会治安等。

（十）运营人应确保其飞行活动持续符合以上条件。

第六条　民用无人驾驶航空器系统飞行活动需要评审时，由运营人会同空管单位提出使用空域，对空域内的运行安全进行评估并形成评估报告。地区管理局对评估报告进行审查或评审，出具结论意见。

第七条　民用无人驾驶航空器在空域内运行应当符合国家和民航有关规定，经评估满足空域运行安全的要求。评估应当至少包括以下内容：

（一）民用无人驾驶航空器系统情况，包括民用无人驾驶航空器系统基本情况、国籍登记、适航证件（特殊适航证、标准适航证和特许飞行证等）、无线电台及使用频率情况；

（二）驾驶员、观测员的基本信息和执照情况；

（三）民用无人驾驶航空器系统运营人基本信息；

（四）民用无人驾驶航空器的飞行性能，包括：飞行速度、典型和最大爬升率、典型和最大下降率、典型和最大转弯率、其他有关性能数据（例如风、结冰、降水限制）、航空器最大续航能力、起飞和着陆要求；

（五）民用无人驾驶航空器系统活动计划，包括：飞行活动类型或目的、飞行规则（目视或仪表飞行）、操控方式（视距内或超视距，无线电视距内或超无线电视距等）、预定的飞行日期、起飞地点、降落地点、巡航速度、巡航高度、飞行路线和空域、飞行时间和次数；

（六）空管保障措施，包括：使用空域范围和时间、管制程序、间隔要求、协调通报程序、应急预案等；

（七）民用无人驾驶航空器系统的通信、导航和监视设备和能力，包括：民用无人驾驶航空器系统驾驶员与空管单位通信的设备和性能、民用无人驾驶航空器系统的指挥与控制链路及其性能参数和覆盖范围、驾驶员和观测员之间的通信设备和性能、民用无人驾驶航空器系统导航和监视设备及性能；

（八）民用无人驾驶航空器系统的感知与避让能力；

（九）民用无人驾驶航空器系统故障时的紧急程序，特别是：与空管单位的通信故障、指挥与控制链路故障、驾驶员与观测员之间的通信故障等情况；

（十）遥控站的数量和位置以及遥控站之间的移交程序；

（十一）其他有关任务、噪声、安保、业载、保险等方面的情况；

（十二）其他风险管控措施。

第八条 按照本规定第六条需要进行评估的飞行活动，其使用的民用无人驾驶航空器系统应当为遥控驾驶航空器系统，而非自主无人驾驶航空器系统。并且能够按要求设置电子围栏。

第九条 地区管理局应当组织相关部门对评估报告进行审查，对于复杂问题可以组织专家进行评审和现场演示，并将审查或评审结论反馈给运营人和有关空管单位。

第十条 民用无人驾驶航空器飞行应当为其单独划设隔离空域，明确水平范围、垂直范围和使用时段。可在民航使用空域内临时为民用无人驾驶航空器划设隔离空域。飞行密集区、人口稠密区、重点地区、繁忙机场周边空域，原则上不划设民用无人驾驶航空器飞行空域。

第十一条 隔离空域由空管单位会同运营人划设。划设隔离空域应综合考虑民用无人驾驶航空器通信导航监视能力、航空器性能、应急程序等因素，并符合下列要求：

（一）隔离空域边界原则上距其他航空器使用空域边界的水平距离不小于 10km；

（二）隔离空域上下限距其他航空器使用空域垂直距离 8400m（含）以下不得小于 600m，8400m 以上不得小于 1200m。

第十二条 民用无人驾驶航空器在隔离空域内运行时，应当符合下列要求：

（一）民用无人驾驶航空器应当遵守规定的程序和安全要求；

（二）民用无人驾驶航空器确保在所分配的隔离空域飞行并与水平边界保持 5km 以上距离；

（三）防止民用无人驾驶航空器无意间从隔离空域脱离。

第十三条 为了防止民用无人驾驶航空器和其他航空器活动。

相互穿越隔离空域边界，提高民用无人驾驶航空器运行的安全性，需要采取下列安全措施：

（一）驾驶员应当持续监视民用无人驾驶航空器飞行；

（二）当驾驶员发现民用无人驾驶航空器脱离隔离空域时，应向相关空管单位通报；

（三）空管单位发现民用无人驾驶航空器脱离隔离空域时，应当防止与其他航空器发生冲突，通知运营人采取相关措施，并向相关管制单位通报；

（四）空管单位应当同时向民用无人驾驶航空器和隔离空域附近运行的其他航空器提供服务；

（五）在空管单位和民用无人驾驶航空器系统驾驶员之间应建立可靠的通信；

（六）空管单位应为民用无人驾驶航空器指挥与控制链路失效、民用无人驾驶航空器避让侵入的航空器等紧急事项设置相应的应急工作程序。

第十四条　针对民用无人驾驶航空器违规飞行影响日常运行的情况，空管单位应与机场、军航管制单位等建立通报协调关系，制定信息通报、评估处置和运行恢复的方案，保证安全，降低影响。

第十五条　民用无人驾驶航空器系统活动中使用无线电频率、无线电设备应当遵守国家无线电管理法规和规定，且不得对航空无线电频率造成有害干扰。

第十六条　未经批准，不得在民用无人驾驶航空器上发射语音广播通信信号。

第十七条　使用民用无人驾驶航空器系统应当遵守国家有关部门发布的无线电管制命令。

第十八条　民用无人驾驶航空器系统飞行活动涉及多项评估或审批的，地区管理局应当统筹安排。

第十九条　本管理办法自下发之日起开始施行，原《民用无人机空中交通管理办法》（MD-TM-2009-002）同时废止。

第二十条　本管理办法使用的术语定义：

民用无人驾驶航空器：没有机载驾驶员操作的民用航空器。

民用无人驾驶航空器系统：指民用无人驾驶航空器及与其安全运行有关的组件，主要包括遥控站、数据链路等。

遥控驾驶航空器系统：由遥控驾驶航空器、相关的遥控站、所需的指挥与控制链路以及批准的型号设计规定的任何其他部件构成的系统。

遥控驾驶航空器：由遥控站操纵的无人驾驶航空器。遥控驾驶航空器是无人驾驶航空器的亚类。

遥控站：遥控驾驶航空器系统的组成部分，包括用于操纵遥控驾驶航空器的设备。

指挥与控制链路：遥控驾驶航空器和遥控站之间为飞行管理目的建立的数据链接。

自主无人驾驶航空器系统：不允许驾驶员介入飞行管理的无人驾驶航空器。

电子围栏：是指为防止民用无人驾驶航空器飞入或者飞出特定区域，在相应电子地理范围中画出其区域边界，并配合飞行控制系统，保障区域安全的软硬件系统。

感知与避让：观察、发现、探测交通冲突或其他危险，并采取适当行动的能力。

运营人：是指从事或拟从事航空器运营的个人、组织或者企业。

驾驶员：由运营人指派对遥控驾驶航空器的运行负有必不可少职责并在飞行期间适时操纵无人驾驶航空器的人。

观测员：由运营人指定的训练有素的人员，通过目视观测遥控驾驶航空器协助驾驶员安全实施飞行。

隔离空域：专门分配给无人驾驶航空器系统运行的空域，通过限制其他航空器的进入以规避碰撞风险。

非隔离空域：无人驾驶航空器系统与其他有人驾驶航空器同时运行的空域。

目视视距内：驾驶员或观测员与无人驾驶航空器保持直接目视视觉接触的运行方式。直接目视视觉接触的范围为：真高 120m 以下；距离不超过驾驶员或观测员视线范围或最大 500m 半径的范围，两者中取较小值。

超目视视距：无人驾驶航空器在目视视距以外的运行方式。

无线电视距内：是指发射机和接收机在彼此的无线电覆盖范围之内能够直接进行通信，或者通过地面网络使远程发射机和接收机在无线电视距内，并且能在相应时间范围内完成通信传输的情况。

超无线电视距：是指发射机和接收机不在无线电视距之内的情况。因此所有卫星系统都是超无线电视距的，遥控站通过地面网络不能在相应时间范围与至少一个地面站完成通信传输的系统也都是超无线电视距的。

机场净空区：也称机场净空保护区域，是指为保护航空器起飞、飞行和降落安全，根据民用机场净空障碍物限制图要求划定的空间范围。

人口稠密区：是指城镇、村庄、繁忙道路或大型露天集会场所等区域。

注：Ⅰ（a）和Ⅰ（b）类无人机使用者应安全使用无人机，避免对他人造成伤害，不必按照本咨询通告后续规定管理。

本咨询通告不适用于无线电操作的航空模型，但当航空模型使用了自动驾驶仪、指令与控制数据链路或自主飞行设备时，应按照本咨询通告管理。

本咨询通告不适用于室内、拦网内等隔离空间运行无人机，但当该场所有聚集人群时，操作者应采取措施确保人员安全。

无人机（UA：Unmanned Aircraft），是由控制站管理（包括远程操纵或自主飞行）的航空器。

无人机系统（UAS：Unmanned Aircraft System），是指无人机以及与其相关的遥控站（台）、任务载荷和控制链路等组成的系统。

无人机系统驾驶员，对无人机的运行负有必不可少职责并在飞行期间适时操纵无人机的人。

无人机系统的机长，是指在系统运行时间内负责整个无人机系统运行和安全的驾驶员。

无人机观测员，由运营人指定的训练有素并培训的人员，通过目视观测无人机，协助无人机驾驶员安全实施飞行。

运营人，是指从事或拟从事航空器运营的个人、组织或者企业。

控制站（也称遥控站、地面站），无人机系统的组成部分，包括用于操纵无人机的设备。

指令与控制数据链路是指无人机和控制站之间为飞行管理之目的的数据链接。

视距内运行无人机驾驶员或无人机观测员与无人机保持直接目视视觉接触的范围内运行，且该范围为目视视距内半径不大于 500m，人、机相对高度不大于 120m。

超视距运行无人机在除视距内运行以外的运行。

融合空域，是指有其他有人驾驶航空器同时运行的空域。

隔离空域，是指专门分配给无人机系统运行的空域，通过限制其他航空器的进入以规避碰撞风险。

人口稠密区，是指城镇、村庄、繁忙道路或大型露天集会场所等区域。

重点地区，是指军事重地、核电站和行政中心等关乎国家安全的区域及周边，或地方政府临时划设的区域。

机场净空区，也称机场净空保护区域，是指为保护航空器起飞、飞行和降落安全，根据民用机场净空障碍物限制图要求划定的空间范围。

空机重量，是指不包含载荷和燃料的无人机重量，该重量包含燃料容器和电池等固体装置。

无人机云系统（简称无人机云），是指轻小型民用无人机运行动态数据库系统，用于向无人机用户提供航行服务、气象服务等，对民用无人机运行数据（包括运营信息、位置、高度和速度等）进行实时监测。接入系统的无人机应即时上传飞行数据，无人机云系统对未遵守电子围栏限制的无人机具有报警功能。

电子围栏，是指为阻挡即将侵入或违规飞出特定区域的航空器，在相应电子地理范围中画出特定区域，并配合无人机云系统或飞行控制系统、保障区域安全的软硬件系统。

主动反馈系统，是指运营人主动将航空器的运行信息发送给监视系统。

被动反馈系统，是指航空器被雷达、ADS-B 系统、北斗等手段从地面进行监视的系统，该反馈信息不经过运营人。

无人机云交换系统（无人机云数据交换平台）：是指由民航局运行，能为多个无人机云系统提供实时数据交换和共享的实时动态数据库系统。

民用无人机机长的职责和权限：

民用无人机机长对民用无人机系统的运行直接负责，并具有最终决定权。在飞行中遇有紧急情况时：机长必须采取适合当时情况的应急措施。在飞行中遇到需要立即处置的紧急情况时，机长可以在保证地面人员安全所需要的范围内偏离本咨询通告的任何规定。如果在危及地面人员安全的紧急情况下必须采取违反当地规章或程序的措施，机长必须毫不迟疑地通知有关地方当局。

机长必须负责以可用的、最迅速的方法将导致人员严重受伤或死亡、地面财产重大损失的任何航空器事故通知最近的民航及相关部门。

民用无人机驾驶员资格要求：民用无人机驾驶员应当根据其所驾驶的民用无人机的等级分类，符合 CCAR-61 部以及咨询通告《民用无人机驾驶员管理规定》（AC-61-20）中关于执照、等级、训练、考试、检查和航空经历等方面的要求，并依据本咨询通告运行。

民用无人机使用说明书：民用无人机使用说明书应当使用机长、驾驶员及观测员能够正确理解的语言文字。

Ⅴ类民用无人机的使用说明书应包含相应的农林植保要求和规范：禁止粗心或鲁莽的操作；任何人员在操作民用无人机时不得粗心大意和盲目蛮干，以免危及他人的生命或财产安全。

摄入酒精和药物的限制：民用无人机驾驶员在饮用任何含酒精的液体之后的 8h 之

内或处于酒精作用之下或者受到任何药物影响及其工作能力对飞行安全造成影响的情况下，不得驾驶无人机。

飞行前准备在开始飞行之前，机长应当：了解任务执行区域限制的气象条件；确定运行场地满足无人机使用说明书所规定的条件；检查无人机各组件情况、燃油或电池储备、通信链路信号等满足运行要求。对于无人机云系统的用户，应确认无人机系统是否接入无人机云系统；制定出现紧急情况的处置预案，预案中应包括紧急备降地点等内容。

限制区域：机长应确保无人机运行时符合有关部门的要求，避免进入限制区域：对于无人机云系统的用户，应该遵守该系统限制；对于未接入无人机云系统的用户，应向相关部门了解限制区域的划设情况。不得突破机场障碍物控制面、飞行禁区、未经批准的限制区以及危险区等。

视距内运行（VLOS）：

必须在驾驶员或者观测员视距范围内运行；必须在昼间运行；必须将航路优先权让与其他航空器。

超视距运行（BVLOS）：

必须将航路优先权让与有人驾驶航空器；当飞行操作危害到空域的其他使用者、地面上人身财产安全或不能按照本咨询通告要求继续飞行，应当立即停止飞行活动；驾驶员应当能够随时控制无人机。对于使用自主模式的无人机，无人机驾驶员必须能够随时超控。出现无人机失控的情况，机长应该执行相应的预案，包括：无人机应急回收程序；对于接入无人机云的用户，应在系统内上报相关情况；对于未接入无人机云的用户，遵守相关空管服务部门的非正常情况管理程序。

民用无人机运行的仪表、设备和标识要求：具有有效的空地 C2 链路；地面站或操控设备具有显示无人机实时的位置、高度、速度等信息的仪器仪表；用于记录、回放和分析飞行过程的飞行数据记录系统，且数据信息至少保存三个月（适用于Ⅲ、Ⅳ、Ⅵ和Ⅶ类）；对于接入无人机云系统的用户，应当符合无人机云的接口规范；对于未接入无人机云系统的用户，其无人机机身需有明确的标识，注明该无人机的型号、编号、所有者、联系方式等信息，以便出现坠机情况时能迅速查找到无人机所有者或操作者信息。

管理方式：民用无人机分类繁杂，运行种类繁多，所使用空域远比有人驾驶航空器广阔，因此有必要实施分类管理，依据现有无人机技术成熟情况，针对轻小型民用无人机进行以下运行管理。

民用无人机的运行管理：

电子围栏：对于Ⅲ、Ⅳ、Ⅵ和Ⅶ类无人机，应具备并使用电子围栏功能。对于在重点地区和机场净空区以下运行Ⅱ类和Ⅴ类无人机，应具备并使用电子围栏功能。

接入无人机云的民用无人机：对于重点地区和机场净空区以下使用的Ⅱ类和Ⅴ类的民用无人机，应接入无人机云，或者仅将其地面操控设备位置信息接入无人机云，报告频率最少每分钟一次。对于Ⅲ、Ⅳ、Ⅵ和Ⅶ类的民用无人机应接入无人机云，在人口稠密区报告频率最少每秒一次。在非人口稠密区报告频率最少每30s一次。对于在融合空域运行的Ⅳ类的民用无人机，增加被动反馈系统。

接入无人机云的民用无人机：运行前需要提前向管制部门提出申请，并提供有效监视手段。

民用无人机运营人的管理：根据《民用航空法》规定，无人机运营人应当对无人机投保地面第三人责任险。

对无人机云提供商的要求：无人机云提供商须具备以下条件：设立了专门的组织机构；建立了无人机云的质量管理体系和安全管理体系；建立了民用无人机驾驶员、运营人数据库和无人机运行动态数据库，可以清晰管理和统计持证人员，监测运行情况；已与相应的管制、机场部门建立联系，为其提供数据输入接口，并为用户提供空域申请、计划申请等信息服务；建立与相关部门的数据分享机制，能够实现与无人机云交换系统数据交互；遵守当地人大和地方政府出台的法律法规，遵守军方和地方相关部门为保证国家和公众安全而发布的通告和禁飞要求。

对所提供的无人机云服务一般功能要求：具备相应的空域申请、计划申请等功能；向无人机云交换系统上传无人机飞行数据，该数据应包括实时数据，或由于网络限制在联网后由无人机发送到无人机云的本地延时数据；具备自查功能，可自行筛选过滤系统中注册的无人机上传的非真实运行数据和错误数据，以确保其上传云交换系统的无人机注册信息和飞行数据的真实性和有效性；无人机云应具有无人机围栏功能，内容至少包括国家、政府机构公布的禁飞空域、民用机场障碍物控制面和限制区等，并能持续更新；无人机云应向云交换系统上传运行场景分类数据，数据字段和代码见附件。

对所提供的无人机云服务的其他要求：无人机云应建立数据冗余存储的机制；依据《信息安全等级保护管理办法》，无人机云应完成信息系统安全保护等级备案，其等级至少为二级；对于无人云所使用的电子地图，中国境内部分应由具有我国相应测绘资质的地图服务商提供。

无人机云可选择是否提供用以申请民用无人机驾驶员执照/等级或执照更新的飞行经历记录的服务。提供此项服务的无人机云应满足以下要求：系统中的飞行经历内容需满足民用无人机驾驶员飞行经历记录数据规范（AC－61－20 附件 3）要求，并保存相关飞行经历记录至少两年；系统应通过无人机驾驶员注册的手机号对其个人信息进行校验，通过校验后的无人机驾驶员执照持有人或申请人方能使用无人机驾驶员飞行经历记录功能；无人机云中记录的飞行经历数据经无人机云交换系统按照民用无人机驾驶员飞行经历记录数据规范（AC－61－20 附件 3）确认有效性后，可供无人机驾驶员申请执照/等级或执照更新使用。

无人机云提供商试运行批准和取消：满足本文件要求的无人机云提供商可获得试运行批准，有效期两年。如在其试运行一年内无真实运行数据，则局方将取消试运行资质，且一年内不再受理其再次试运行申请；获得试运行批准的无人机云提供商应定期对云系统进行更新扩容，保证其所接入的民用无人机运营人使用方便、数据可靠、低延迟、飞行区域信息实时有效；获得试运行批准的无人机云提供商每 6 个月向局方提交报告，内容包括无人机云系统接入航空器架数，运营人数量，技术进步情况，遇到的困难和问题，事故和事故征候等。

植保无人机运行要求：植保无人机作业飞行是指无人机进行下述飞行：喷洒（撒）农药；喷洒（撒）用于作物养料、土壤处理、作物生命繁殖或虫害控制的任何其他物质；从事直接影响农业、园艺或森林保护的喷洒任务，但不包括撒播活的昆虫。

人员要求：担任操纵植保无人机系统并负责无人机系统运行和安全的驾驶员，应当持有按本规定颁发的具备 V 分类等级的驾驶员执照，或经农业农村部等部门规定的由符合资质要求的植保无人机生产企业自主负责的植保无人机操作人员培训考核。运营人指定的一个或多个作业负责人，该作业负责人应当持有具备 V 分类等级的驾驶员执照，或经农业农村部等部门规定的由符合资质要求的植保无人机生产企业自主负责的植保无人机操作人员培训考核，同时接受了下列知识和技术的培训或者具备相应的经验。

理论知识：开始作业飞行前应当完成的工作步骤，包括作业区的勘察；安全处理有毒药品的知识及要领和正确处理使用过的有毒药品容器的办法；农药与化学药品对植物、动物和人员的影响和作用，重点在计划运行中常用的药物以及使用有毒药品时应当采取的预防措施；人体在中毒后的主要症状，应当采取的紧急措施和医疗机构的位置；所用无人机的飞行性能和操作限制；安全飞行和作业程序；飞行技能以无人机的最大起飞全重完成起飞、作业线飞行等操作动作；作业负责人对实施农林喷洒作业飞行的每一人员实施；规定的理论培训、技能培训以及考核，并明确其在作业飞行中的任务和职责；作业负责人对农林喷洒作业飞行负责。其他作业人员应该在作业负责人带领下实施作业任务；对于从事作业高度在20m以上的作业人员应持有民用无人机驾驶员执照。

喷洒限制：实施喷洒作业时，应当采取适当措施，避免喷洒的物体对地面的人员和财产造成危害。

喷洒记录保存：实施农林喷洒作业的运营人应当在其主运行基地保存关于下列内容的记录：服务对象的名称和地址；服务日期；每次作业飞行所喷洒物质的量和名称；每次执行农林喷洒作业飞行任务的驾驶员的姓名、联系方式和合格证编号（如适用），以及通过知识和技术检查的日期。

无人飞艇运行要求：禁止云中飞行。在云下运行时，与云的垂直距离不得少于120m。当无人飞艇附近存在人群时，须在人群以外30m运行。当人群抵近时，飞艇与周边非操作人员的水平间隔不得小于10m，垂直间隔不得小于10m。除经局方批准，不得使用可燃性气体如氢气。

3.《无人驾驶航空器飞行管理暂行条例》

第二十六条 无人机飞行空域划设应当遵循统筹配置、灵活使用、安全高效原则，充分考虑国家安全、社会效益和公众利益，科学区分不同类型无人机飞行特点，以隔离运行为主、兼顾部分混合飞行需求，明确飞行空域的水平、垂直范围和使用时限。

第二十八条 划设以下空域为轻型无人机管控空域：

（一）真高120m以上空域；

（二）空中禁区以及周边5000m范围；

（三）空中危险区以及周边2000m范围；

（四）军用机场净空保护区，民用机场障碍物限制面水平投影范围的上方；

（五）有人驾驶航空器临时起降点以及周边2000m范围的上方；

（六）国界线到我方一侧 5000m 范围的上方，边境线到我方一侧 2000m 范围的上方；

（七）军事禁区以及周边 1000m 范围的上方，军事管理区、设区的市级（含）以上党政机关、核电站、监管场所以及周边 200m 范围的上方；

（八）射电天文台以及周边 5000m 范围的上方，卫星地面站（含测控、测距、接收、导航站）等需要电磁环境特殊保护的设施以及周边 2000m 范围的上方，气象雷达站以及周边 1000m 范围的上方；

（九）生产、储存易燃易爆危险品的大型企业和储备可燃重要物资的大型仓库、基地以及周边 150m 范围的上方，发电厂、变电站、加油站和中大型车站、码头、港口、大型活动现场以及周边 100m 范围的上方，高速铁路以及两侧 200m 范围的上方，普通铁路和国道以及两侧 100m 范围的上方；

（十）军航低空、超低空飞行空域；

（十一）省级人民政府会同战区确定的管控空域。未经批准，轻型无人机禁止在上述管控空域飞行。管控空域外，无特殊情况均划设为轻型无人机适飞空域。植保无人机适飞空域，位于轻型无人机适飞空域内，真高不超过 30m，且在农林牧区域的上方。

（五）架空输电线路无人机巡检空域申请制度

无人机作业飞行空域申请所需资料如下：

（1）巡检航线示意图，见图 1－2。

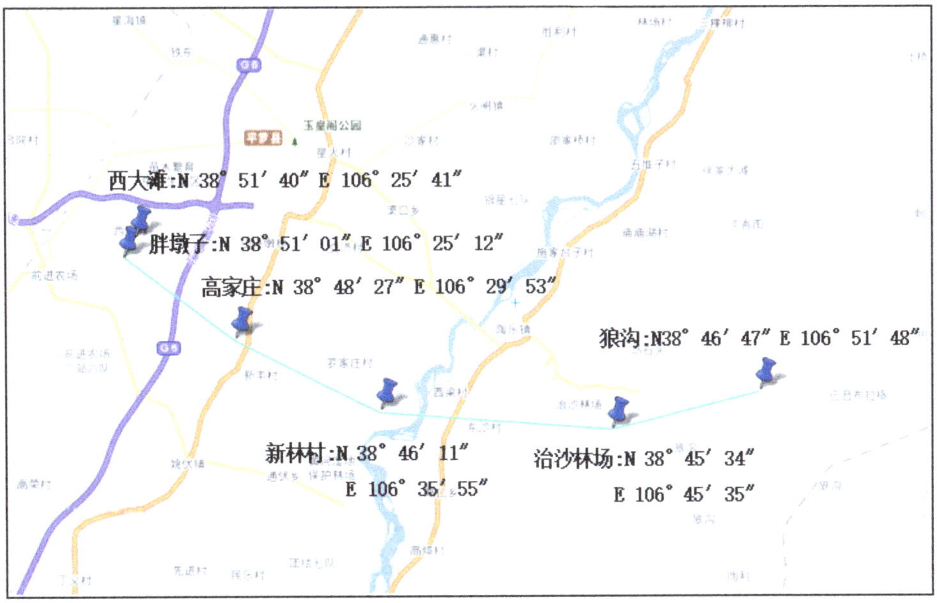

图 1－2　巡检示意图编辑

1）国网××省电力公司营业执照复印件；

2）飞机机型信息表；

3）飞行人员资质证件；

4）无人机飞行安全措施、紧急情况预案。

（2）巡检航线示意图编辑。

编辑前需要的资料和软件如下：

1）线路杆塔经纬度坐标转换。快速使用坐标转换公式将十进制转为度分秒；转换为度分秒后复制时注意选择性粘贴、粘贴值和数字格式。

2）输电线路所有杆塔坐标。

3）提交巡检申请。需要向相应军区提交《关于使用无人机对某地区部分输电线路进行巡检》的申请得到相关军区的许可，见图 1－3 和图 1－4。

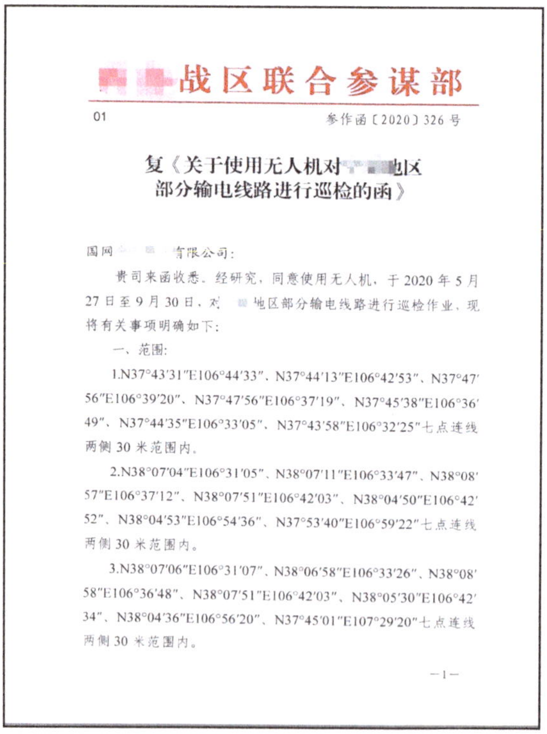

[illegible]战区联合参谋部

01　　参作函〔2020〕326 号

复《关于使用无人机对[illegible]地区部分输电线路进行巡检的函》

国网[illegible]有限公司：

贵司来函收悉。经研究，同意使用无人机，于 2020 年 5 月 27 日至 9 月 30 日，对[illegible]地区部分输电线路进行巡检作业，现将有关事项明确如下：

一、范围：

1.N37°43′31″E106°44′33″、N37°44′13″E106°42′53″、N37°47′56″E106°39′20″、N37°47′56″E106°37′19″、N37°45′38″E106°36′49″、N37°44′35″E106°33′05″、N37°43′58″E106°32′25″七点连线两侧 30 米范围内。

2.N38°07′04″E106°31′05″、N38°07′11″E106°33′47″、N38°08′57″E106°37′12″、N38°07′51″E106°42′03″、N38°04′50″E106°42′52″、N38°04′53″E106°54′36″、N37°53′40″E106°59′22″七点连线两侧 30 米范围内。

3.N38°07′06″E106°31′07″、N38°06′58″E106°33′26″、N38°08′58″E106°36′48″、N38°07′51″E106°42′03″、N38°05′30″E106°42′34″、N38°04′36″E106°56′20″、N37°45′01″E107°29′20″七点连线两侧 30 米范围内。

—1—

图 1－3　提交巡检申请 1

4）需严格遵守《民用无人机空中交通管理办法》。为了加强对民用无人机飞行活动的管理，规范其空中交通管理的办法，保证民用航空活动的安全，现将有关民用无人机空中交通管理的有关问题规定如下：

民用无人机应当依法从事工业、农业、林业、渔业、矿业建筑业的作业飞行和医疗

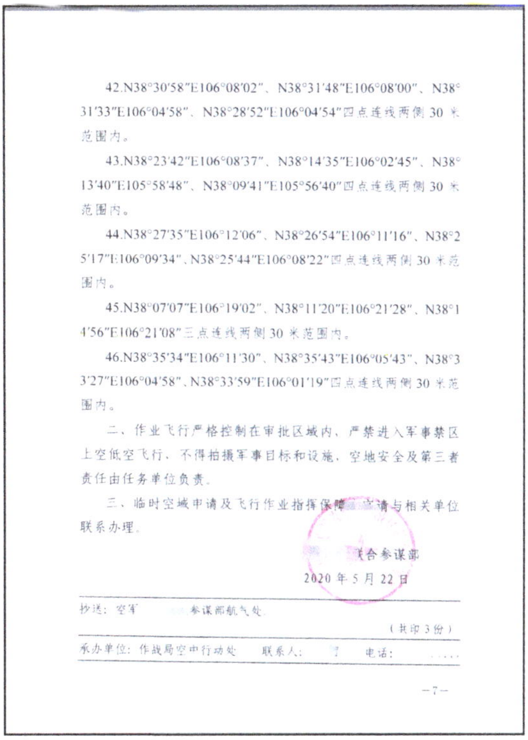

42.N38°30′58″E106°08′02″、N38°31′48″E106°08′00″、N38°31′33″E106°04′58″、N38°28′52″E106°04′54″四点连线两侧30米范围内。

43.N38°23′42″E106°08′37″、N38°14′35″E106°02′45″、N38°13′40″E105°58′48″、N38°09′41″E105°56′40″四点连线两侧30米范围内。

44.N38°27′35″E106°12′06″、N38°26′54″E106°11′16″、N38°25′17″E106°09′34″、N38°25′44″E106°08′22″四点连线两侧30米范围内。

45.N38°07′07″E106°19′02″、N38°11′20″E106°21′28″、N38°14′56″E106°21′08″三点连线两侧30米范围内。

46.N38°35′34″E106°11′30″、N38°35′43″E106°05′43″、N38°33′27″E106°04′58″、N38°33′59″E106°01′19″四点连线两侧30米范围内。

二、作业飞行严格控制在审批区域内，严禁进入军事禁区上空低空飞行，不得拍摄军事目标和设施，空地安全及第三者责任由任务单位负责。

三、临时空域申请及飞行作业指挥保障　请与相关单位联系办理。

联合参谋部

2020年5月22日

抄送：空军　参谋部航气处

（共印3份）

承办单位：作战局空中行动处　联系人：　电话：

－7－

图1－4　提交巡检申请2

卫生、抢险救灾、气象探测、海洋检测、科学实验、遥感测绘、教育训练、文化体育、旅游观光等方面的飞行活动。

民用无人机活动及其空中交通管理应当遵守相关法规和规定，其中包括《中华人民共和国民用航空法》《中华人民共和国飞行基本规则》《通用航空飞行管制条例》及民航局规章等。

组织实施民用无人机活动的单位和个人应当按照《通用航空飞行管制条例》等规定申请划设和使用空域，接受飞行活动管理和空中交通服务，保证飞行安全。

为了避免对运输航空飞行安全的影响，未经地区管理局批准，禁止在民用运输机场飞行空域内从事无人机飞行活动。申请划设民航无人机临时飞行空域时，应当避免与其他载人民用航空器在同一空域内飞行。

由于无人机飞行过程中无执行任务机长，为了保证飞行安全，由无人机操控人员承担规定的机长权利和责任，并应当在飞行计划申请时明确无人机操控人员。

组织实施民用无人机活动的单位或者个人应当具备监控或者掌握其无人机飞行动态的手段，同时在飞行活动过程中与相关管制单位建立可靠的通信联系，及时通报情况，接受空中交通管制。发生无人机飞行活动不正常情况，并且可能影响飞行安全和公共安全时，组织实施民用无人机活动的单位或者个人应当立刻向相关管制单位报告。

在临时飞行空域内进行民用无人机飞行活动，由从事民用无人机飞行活动的单位、个人负责组织实施，并对其安全负责。民航空管单位应当按照有关法规和本规定的要求对民用无人机飞行活动进行空中交通管理。不得在一个划定为无人机活动的空域内同时为民用无人机和载人航空器提供空中交通服务。

民用航空器机组人员发现无人机飞行活动应当及时向相关空中交通管制部门报告。空中交通管制单位发现区域内有无人机活动或者收到相关报告，应当向所管制的航空器通报无人机活动情报，必要时提出避让建议，并按要求向相关管制单位、空管运行管理单位和所在地的民航监管局通报。

民用无人机活动中使用无线电频率、无线电设备应当遵守国家无线电管理法规和规定，且不得对航空无线电频率造成有害干扰。民用无人机遥控系统不得使用航空无线电频率。在民用无人机上设置无线电设备，使用航空无线电频率的，应当向民用航空局无线电管理委员会办公室提出申请。

未经批准，不得在民用无人机上发射语音广播通信信号。使用民用无人机应当遵守国家有关部门发布的无线电管制命令。

5）太乐地图软件。还有最为便捷的方式，就是软件搜索，见图 1－5。

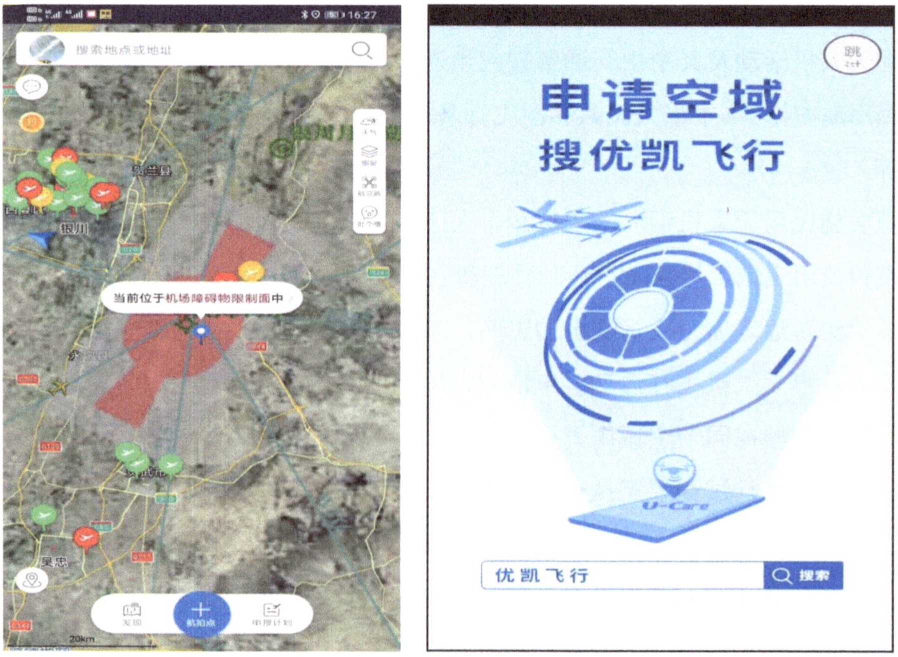

图 1－5　软件搜索

（六）无人机类型及飞行原理

1. 无人机类型

国内外无人机相关技术飞速发展，无人机系统种类繁多、用途广特点鲜明，致使其在尺寸、质量、航程、航时、飞行高度、飞行速度，任务等多方面都有较大差异。由于无人机的多样性，出于不同的考量会有不同的分类方法：

（1）按飞行平台构型分类。无人机可分为固定翼无人机、旋翼无人机、无人飞艇、伞翼无人机、扑翼无人机等。

（2）按用途分类。无人机可分为军用无人机和民用无人机。军用无人机可分为侦察无人机、诱饵无人机、电子对抗无人机、通信中继无人机、无人战斗机以及靶机等；民用无人机可分为巡查/监视无人机、农用无人机、气象无人机、勘探无人机以及测绘无人机等。

（3）按活动半径分类。无人机可分为超近程无人机、近程无人机、短程无人机、中程无人机和远程无人机。超近程无人机活动半径在 15km 以内，近程无人机活动半径在 15～50km 之间，短程无人机活动半径在 50～200km 之间，中程无人机活动半径在 200～800km 之间，远程无人机活动半径大于 800km。

（4）按任务高度分类。无人机可以分为超低空无人机、低空无人机、中空无人机、高空无人机和超高空无人机。超低空无人机任务高度一般在 0～1000m 之间，低空无人机任务高度一般在 100～1000m 之间，中空无人机任务高度一般在 1000～7000m 之间，高空无人机任务高度一般在 7000～18 000m 之间，超高空无人机任务高度般大于 18 000m。

（5）按照机型分类。无人机可分为固定翼无人机和旋翼无人机。旋翼无人机又可细分为单旋翼带尾桨型式无人机、共轴反桨型式无人机和多旋翼无人机。

（6）按照空机质量分类。不同机型的分类见表 1－2。

表 1－2　　按空机重量或最大起飞重量分级

级别	空机质量（kg）	最大起飞重量（kg）
Ⅰ级	0＜空机重量≤0.25	0＜最大起飞重量≤0.25
Ⅱ级	0.25＜空机重量≤4	0.2＜最大起飞重量≤7
Ⅲ级	4＜空机重量≤15	7＜最大起飞重量≤25
Ⅳ级	15＜空机重量≤116	25＜最大起飞重量≤150
Ⅴ级	116＜空机重量	150＜最大起飞重量

（7）按照动力方式分类见图 1－6 和图 1－7。无人机根据动力来源的不同可分为油动无人机、电动无人机、固态氧化物燃料无人机、太阳能无人机、混合动力无人机。

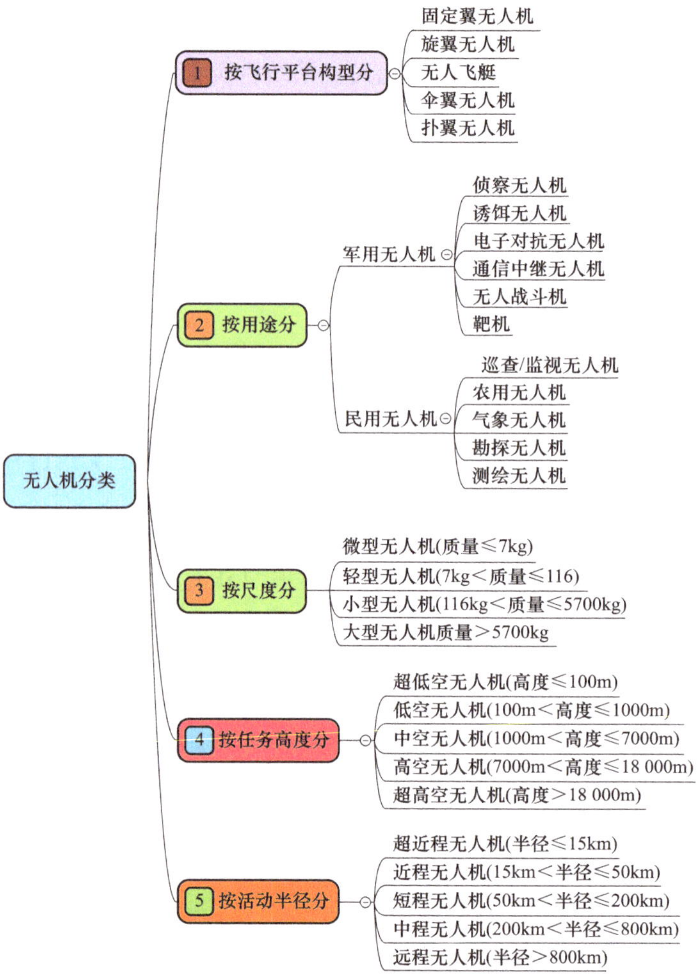

图 1－6　无人机分类

2. 无人机飞行原理

（1）飞行原理。以四旋翼无人机为例，详细讲解如下：

见图 1－8，电机 1 和电机 3 逆时针旋转的同时，电机 2 和电机 4 顺时针旋转，因此当无人机平衡飞行时，陀螺效应和空气动力扭矩效应均被抵消。与电动直升机相比，四旋翼飞行器有下列优势：各个旋翼对机身所施加的反扭矩与旋翼的旋转方向相反，因此当电机 1 和电机 3 逆时针旋转的同时，电机 2 和电机 4 顺时针旋转，可以平衡旋翼对机身的反扭矩。四旋翼无人机在空间共有六个自由度（分别沿 3 个坐标轴作平移和旋转动作），这六个自由度的控制都可以通过调节不同电机的转速来实现，但只有四个输入力，所以它又是一种欠驱动系统。

固定翼无人机

旋翼无人机

无人飞艇

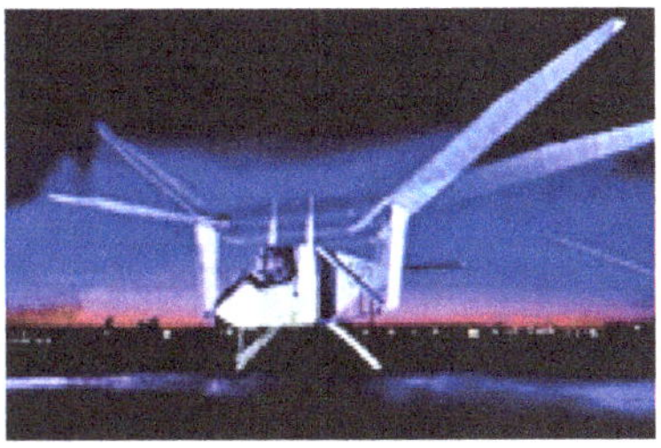

扑翼无人机

伞翼无人机

图 1－7　部分无人机

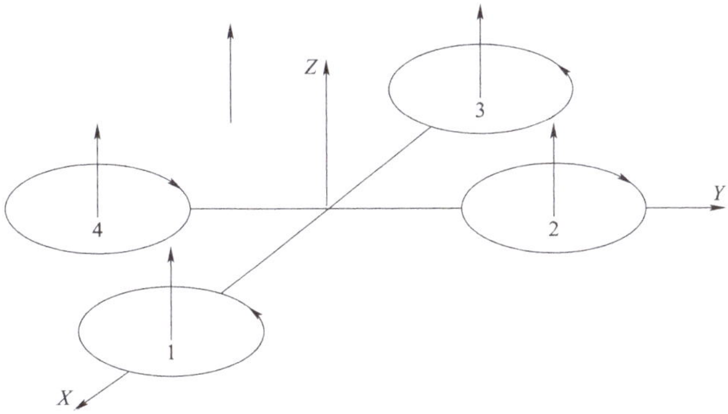

图 1－8　四旋翼无人机飞行原理

1）垂直运动，即升降控制。图 1－8 中，当同时增加四个电机的输出功率，螺旋桨转速增加使得总的升力增大，当总升力足以克服整机的重量时，四旋翼无人机便离地垂直上升；反之，同时减小四个电机的输出功率，四旋翼无人机则垂直下降，直至平衡落地，实现了沿 z 轴的垂直运动。当外界扰动量为零时，在螺旋桨产生的升力等于四旋翼无人机的自重时，四旋翼无人机便保持悬停状态。保证四个螺旋桨转速同步增加或减小是垂直运动的关键。

2）俯仰运动、前后运动。图 1－8 中，电机 1 的转速上升，电机 3 的转速下降，电机 2 和电机 4 的转速保持不变。为避免因螺旋桨转速的改变引起四旋翼无人机整体扭矩及总拉力改变，螺旋桨 1 与螺旋桨 3 转速变量的大小应相等。由于螺旋桨 1 的升力上升，螺旋桨 3 的升力下降，产生的不平衡力矩使机身绕 y 轴旋转；四旋翼无人机首先发生一定程度的倾斜，从而使螺旋桨升力产生水平分量，因此可以实现四旋翼无人机的后飞运动，抬头，向后飞。同理，当电机 1 的转速下降，电机 3 的转速上升，机身便绕 y 轴向另一个方向旋转，低头，向前飞，实现四旋翼无人机的俯仰运动及前后运动。

3）滚转运动、侧向运动。改变电机 2 和电机 4 的转速，保持电机 1 和电机 3 的转速不变，则可使机身绕轴旋转（正向和反向），实现四旋翼无人机的滚转运动。同时，四旋翼无人机首先发生一定程度的倾斜，从而使螺旋桨升力产生水平分量，因此可以实现四旋翼无人机的侧向飞运动。例如，电机 4 的转速上升，电机 2 的转速下降，电机 1 和电机 3 的转速保持不变，无人机左滚，向左运动。

4）偏航运动。四旋翼无人机偏航运动可以借助螺旋桨产生的反扭矩来实现。螺旋桨转动过程中由于空气阻力作用会形成与转动方向相反的反扭矩，为了克服反扭矩影响，可使四个螺旋桨中的两个正转，两个反转，且对角线上的各个螺旋桨转动方向相同。反扭矩的大小与螺旋桨转速有关，当四个电机转速相同时，四个螺旋桨产生的反扭矩相互平衡，四旋翼无人机不发生转动；当四个电机转速不完全相同时，不平衡的反扭矩会引起四旋翼无人机转动。当电机 1 和电机 3 的转速上升，电机 2 和电机 4 的转速下降时，螺旋桨 1 和螺旋桨 3 对机身的反扭矩大于螺旋桨 2 和螺旋桨 4 对机身的反扭矩，机身便在富余反扭矩的作用下绕 z 轴转动，实现四旋翼无人机的向右偏航运动，转向与电机 1、电机 3 的转向相反。

（2）起降方式。起降方式满足以下要求：宜具备全自主起降功能。起飞可采用垂直起降固定翼、滑跑、弹射、手抛等方式。降落可采用伞降、滑跑、机腹擦地、撞网等方式，其中伞降为必备方式。机载任务设备、电机/发动机等核心部件应具有适当防护措施，防止着陆时受直接冲击。采用机腹擦地方式降落的无人机，触地部位应使用耐磨材料。采用伞降方式的固定翼无人机，机体应具备适当保护措施。采用撞网方式降落的无人机，机体布局应采用后置螺旋桨的布局型式。

（3）飞行功能。飞行功能满足以下要求：应具备一键返航功能。飞行控制系统应具备三维程控飞行功能。一般应具备手动、增稳和全自主飞行模式，三种飞行模式可自由无缝切换，切换过程中，无人机应保持稳定的飞行状态和飞行姿态。在自主飞行模式下执行任务时，具备定点盘旋功能，相关参数可灵活设置。飞行状态和任务模式可灵活设置，设置内容包括但不限于飞行航线、速度、起飞和降落方式、安全策略等，且在地面站上应有参数设置界面。应具备在线任务规划功能，支持通过地面站在飞行过程中实时修改航路点。飞行任务可保存，并支持重复调用和编辑，且应支持航路点信息批量导入和导出。飞行数据可在线记录，具有飞行数据下载和分析工具。

（4）通信功能。通信功能满足以下要求：能够实现固定翼无人机分系统的测控数据上传和下传，能实现任务载荷分系统的测控数据上传和下传，且具有实时视频传输功能。

（5）任务功能。任务功能满足以下要求：同时具备拍照、全程摄像功能；拍照支持手动和自动模式（定点、定时和定距）；可见光图像和视频数据均可机载保存，同时能记录图像获取的时间和位置信息；红外检测设备应具备伪彩显示功能。

（6）地面显示功能。地面显示功能满足以下要求：应具备地图导入及显示功能，且预设航线、飞行航迹和机头指向等应能在地图中显示。应具备飞行状态、通信状态等遥测参数的显示和记录功能，宜具备发动机（电机）状态显示和记录功能。宜具备巡检任务界面和飞行控制界面分屏显示的功能。应采用高亮屏，在户外阳光下应能清晰显示。机交互界面应为中文界面。

（7）安全保护功能。安全保护功能满足以下要求：应具有自检功能，自检项目应至少包括：飞行控制模块、电池电压量、发动机（电机）工况、遥控遥测信号等。以上任一部件故障，均能进行声、光报警，并且系统锁死，无法起飞。根据报警提示，应能确定故障部件；应具备飞行状态、通信状态、发动机（电机）状态等参数越限告警功能，报警方式应为声、光报警；应具备安全控制策略，包括返航策略和应急降落策略。返航策略应至少包括原航线返航和直线返航，可对返航触发条件、飞行速度、高度、航线等进行设置。应急降落策略触发条件可设置。若采用弹射起飞，弹射触发启动装置需具备防误操作措施。

（8）技术指标要求。

1）环境适应性。环境适应性满足以下要求：存储温度范围为－20℃～+65℃；工作温度范围为－20℃～+55℃（电动）、－30℃～+55℃（油动）；相对湿度≤90%（+25℃）；抗风能力≥10m/s（距地面 2m 高，瞬时风速）；抗雨能力要能在小雨（12h 内降水量小于 5mm 的降雨）环境条件下短时飞行。

2）起降技术指标。起降技术指标满足以下要求：采用滑跑方式起飞、降落或采用机腹擦地方式降落时，滑跑距离应小于 50m。弹射架应可折叠，折叠后长度不宜超过 2m，重量不宜超过 30kg。

采用伞降降落方式时，开伞位置控制误差不宜大于 15m。

3）飞行性能技术指标。飞行性能技术指标满足以下要求：固定翼无人机巡航速度：60～100km/h；最大起飞海拔≥4500m；最大巡航海拔≥5500m；最小作业真高≤150m；续航时间要求：中型固定翼无人机续航时间≥2h，小型固定翼无人机续航时间≥1h；最小转弯半径≤150m；最大爬升率≥3m/s；最大下降率≥3m/s。

4）任务载重。任务载重满足以下要求：中型固定翼无人机正常任务载重≥2kg；小型固定翼无人机正常任务载重≥0.5kg。

5）航迹控制精度。航迹控制精度满足以下要求：水平航迹与预设航线误差≤3m；垂直航迹与预设航线误差≤5m。

6）通信。通信满足以下要求：传输带宽≥2M（标清），图传延时≤300ms；数传延时≤80ms；通视条件下，最小数传距离≥20km；通视条件下，最小图传距离≥10km。

7）任务载荷。任务载荷满足以下要求：在作业真高 200m 时，采集的视频可清晰识别航线垂直方向上两侧各 100m 范围内的 3m×3m 静态目标；在作业真高 200m 时采集的图像可清晰识别航线垂直方向上两侧各 100m 范围内的 0.5m×0.5m 静态目标；高清可见光摄像机帧率不小于 24Hz；支持数字及模拟信号输出，支持高清及标清格式；机载存储应采用插拔式存储设备，存储空间不小于 64GB。

8）可靠性。可靠性满足以下要求：平均无故障工作间隔时间 MTBF≥50h；机械和电子部件定期检查保养周期不低于 20 个架次；整机使用寿命不低于 300 架次。

9）操作性。操作性满足以下要求：展开时间≤20min；撤收时间≤10min。

（9）其他要求。起降场地周边净空环境满足安全起降要求。固定翼无人机巡检系统所有部件均应能够满足 GB/T 25480 的要求。任务设备、电池及配套使用工具等均应装箱储运，便于携带运输。连接接头应具有良好的外绝缘强度、各触点间导通性良好，接头连接牢固、可靠，应具备防误插功能，满足长时间连续使用的需要。

电池循环寿命应不小于 300 次，且应满足 0℃～+45℃可正常充电，在充电及储运状态下应有防爆、阻燃等安全措施。电池宜有固定卡槽，固定于机身上，电源接口宜采用防火花接头。所有电池（包括飞控电池、舵机电池、任务设备电池以及地面站电池等）的单次使用时间应大于相应机型的续航时间。

油动型固定翼无人机油箱应具备一定的抗冲击性和防腐蚀性，宜有油量指示。固定翼无人机巡检系统应配备飞行模拟仿真培训系统以及培训教材等，所用语言应采用中文。

第二章　无人机组装、调试、保养及维护

（一）无人机结构与系统

无人机结构与系统分为结构和系统两个方面，其中无人机结构主要是指无人机的硬件结构，无人机系统主要是指无人机动力系统、控制站、飞行控制系统、通信导航系统、任务载荷系统和发射回收系统等。

1. 无人机的基本结构

本教材主要介绍固定翼无人机、无人直升机和多旋翼无人机三种机型的组装和调试，后续相关章节对这三种机型的基本结构做了较为详尽的介绍，所以本节在此仅对此三种机型做简单介绍。

（1）固定翼无人机的基本结构。固定翼无人机一般由机翼、机身、尾翼、起落装置和动力装置五个部分组成。机翼主要由翼梁、纵墙、桁条、翼肋和蒙皮等组成，主要功能是产生飞行所需要的升力。机身主要由纵向骨架桁梁和桁条、横向骨架普通隔框和加强隔框、蒙皮等组成，主要功能是装载燃料和设备，并将机翼、尾翼、起落装置等连成一个整体。尾翼主要由水平尾翼和垂直尾翼两部分组成，主要功能是稳定和操纵无人机的俯仰与偏转。

起落装置主要由支柱、减振器机轮和收放机构等组成，主要功能是支撑无人机的起飞、着陆滑跑滑行和停放等。动力装置包括油动和电动两种，其中油动动力装置主要由螺旋桨、发动机、舵机和辅助系统等组成，电动动力装置主要由电池、电调电动机和螺旋桨等组成。动力装置的主要功能是产生拉力（螺旋桨式）或推力（喷气式），使无人机产生相对空气的运动。

（2）无人直升机的基本结构。无人直升机一般由机身、主旋翼尾桨、操纵系统、传动系统、电动机或发动机、起落架等组成。

无人直升机机身与固定翼无人机机身结构和功能类似，主要功能是装载燃料、货物和设备等同时作为无人直升机安装基础，将各部分连成一个整体。机身是直接承受和产生空气动力的部件，还具有承载和传力的作用承受各种装载的载荷和各类动载荷。

主旋翼主要由桨叶和桨毂组成，主要功能是将旋转动能转换成旋翼升力和拉力。

尾桨分为推式尾桨和拉式尾桨。尾桨一般安装在尾梁后部或尾斜梁或垂尾上，主要功能是平衡旋翼的反扭矩、改变尾桨的推力（或拉力），实现对直升机的航向控制，对航向起稳定作用和提供一部分升力的作用。

操纵系统主要由自动倾斜器、座舱操纵机构和操纵线系等组成，主要功能是用来控制无人直升机的飞行。无人直升机的垂直、俯仰、滚转和偏航四种运动形式分别对应总距操纵、纵向操纵、横向操纵和航向操纵四个操纵。传动系统主要由主减速器、传动轴尾减速器及中间减速器组成，主要功能是将发动机的动力传递给主旋翼和尾桨。

（3）多旋翼无人机的基本结构。多旋翼无人机一般由机架、动力装置和飞控等组成。机架主要由机臂、中心板和脚架等组成，也有采用一体化设计的机架。机架的主要功能是承载其他构件的安装。多旋翼无人机的动力装置通常采用电动系统，主要由电池、电调、电动机和螺旋桨四个部分组成。飞控主要由陀螺仪、加速度计、角速度计、气压计、GPS、指南针和控制电路等组成，主要功能是计算并调整无人机的飞行姿态，控制无人机自主或半自主飞行。

2. 无人机动力系统

无人机动力系统为无人机提供动力，使无人机进行飞行活动。无人机动力系统有三种类型：电池为能源的电动系统、以燃油类发动机为动力的油动系统和油电混动系统。目前油电混合系统在无人机领域较少使用。

（1）电动系统。电动系统是将化学能转化为电能再转化为机械能，为五人机飞行提供动力的系统，由电池、调速系统、电动机、螺旋桨四个部分组成。

1）电池。电池主要为无人机提供能量，有镍镉、镍氢、锂离子、锂聚合物电池。考虑到电池的重量和效率问题，无人机多采用锂聚合物电池。

2）电压。分为额定电压、开路电压、工作电压和充电电压等，符号为 U，单位为伏特（V）。额定电压是指电池工作时公认的标准电压，例如锂聚合物电池为3.7V；开路电压是指无负载使用情况下的电池电压；工作电压是指电池在负载工作情况下的放电电压，它通常是一个电压范围，例如锂聚合物电池的工作电压为3.7～4.2V；充电电压是指外电路电压对电池进行充电时的电压，一般充电电压要大于电池开路电压。

3）电池容量。指电池储存电量的大小，电池容量分为实际容量、额定容量、理论容量，符号为C，单位为毫安·时（mA·h）。实际容量是指在一定放电条件下，在终止电压前电池能够放出的电量；额定容量是指电池在生产和设计时，规定的在一定放电条件下电池能够放出的最低电量；理论容量是指根据电池中参加化学反应的物质计算出的电量。

4）电池倍率。一般充放电电流的大小常用充放电倍率来表示，即充放电倍率＝充放电电流/额定容量，符号为C；例如，额定容量为10Ah的电池用4A放电时，其放电倍率0.4C：1000mA·h、10C的电池，最大放电电流＝1000×10mA＝10 000mA＝10A。

5）调速系统。全称电子调速器。最主要功能是将飞控板的控制信号进行功率放大，并向各开关管送去能使其饱和导通和可靠关断的驱动信号，以控制电动机的转速。因为电动机的电流是很大的，正常工作时通常为3～20A，飞控没有驱动无利电动机的功能，需要电调将直流电源转换为三相电源，为无刷电动机供电。同时电调在多旋翼无人机中也充当了电压变化器的作用，将11.1V的电源电压转换为5V电压给飞控、遥控接收机供电，如果没有电调飞控板根本无法承受这样大的电流。

（2）电动机。电动机旋转带动桨叶使无人机产生升力和推力通过对电动机转速的控制，可使无人机完成各种飞行状态。有刷电动机中的电刷在电动机运转时产生电火花会对遥控无线电设备产生干扰，且电刷会产生摩擦力，噪声大，目前在无人机领域已较少使用，更多采用的是无刷电动机。

外转子型无刷电动机的工作原理；电动机的转子在外面，而定子在内部转子内侧有两个永久性磁铁，一个是N极，一个是S极，电动机的定子结构是线圈，也就是电磁铁，定子在内部是固定不动的。利用磁铁异性相吸的原理给定子线圈通电，外面的转子由于异性相吸的原理会逆时针转动让自己的N极靠近定子电磁铁的S极，自己的S极靠近定子电磁铁的N极。此时线圈停止通电让下一个线圈通电，这样永磁铁就因异性相吸的原理继续逆时针转动追赶下一个电磁铁目标，前面有个电磁铁线圈在吸引永磁铁后面一个电磁铁线圈在推动永磁铁。在无刷电动机里安装了霍尔传感器能准确判断转子永磁铁的位置，及时将永磁铁的位置报告给定子线圈控制器，控制器就能根据该信息控制线圈电流流向。

电动机的型号通常用“××××”型数字来表示。例如，2212 外转子无刷动力电动机，即表示电动机定子直径 22mm 电动机定子高度为 12mm。电动机 kV 值，用来表示电动机空载转速，指电压每增加 1V，无刷电动机增加的每分钟转速，即电动机空载转速 = 电动机 kV× 电池电压。例如 920kV 的电动机，电池电压为 11.1V，那么电动机的空载转速应为 920 × 11.1r/min = 10 212r/min。

3. 无人机控制站

（1）无人机控制站功能。无人机控制站又称地面站，通常由显控台和通信设备组成，是无人机系统的重要组成部分，主要功能是监测和控制无人机的飞行过程、飞行航迹、有效载荷、通信链路等，并对一些故障予以及时报警并采取相应的诊断处理措施。地面站是一个集实时采集分析遥测数据、定时发送遥控指令、动态显示飞行状态等功能于一体的综合系统。

1）无人机的姿态控制。在机载传感器获得相应的无人机飞行状态信息后，通过数据链路将这些数据以预定义的格式传输到地面站，在地面站由 GCS 计算机处理这些信息，根据控制率算出控制要求，形成控制指令和控制参数，再通过数据链路将控制指令和控制参数传输到无人机上的飞控计算机，通过后者实现对无人机的操控。

2）有效荷载数据的显示和有效荷载的控制。有效荷载是无人机任务的执行单元，地面控制站根据任务要求实现对有效负载的控制，并通过对有效负载状态的显示来实现对任务执行情况的监督。

3）任务规划无人机位置监控及航线的地图显示。任务规划主要包括处理战术信息，研究任务区域地图，标定飞行路线及向操作员提供规划数据。无人机位置监控及航线的地图显示主要便于操作人员实时的监控无人机的航行轨迹的状态。

4）导航和目标定位。无人机在执行任务过程中通过无线数据链路与地面控制站之间保持者联系。在遇到特殊情况时，需要地面控制站对其实现导航控制。使无人机按照安全的路线飞行。随着空间技术的发展，传统的惯性导航结合先进的 GPS 导航技术成为无人机系统的主要导航技术。目标定位是指无人机发送给地面的方位角、高度及距离数据，需要附加时间标注，以便这些量可与正确的无人机瞬时位置数据相结合来实现目标的最精确位置，为了精确确定目标的位置，必须通过导航技术掌握无人机的位置。同时还要确定无人机至目标的矢量的角度和距离，因此目标定位技术和无人机导航技术之间有着非常紧密的联系。

（2）与其他子系统的通信链路。通信链路用于指挥、控制和分发无人机收集的信息，随着计算机和网络技术的发展，现行的通信链路主要借助局域网来进行数据的共享，这样与其他组织的通信不单纯是在任务结束以后，更重要的是在任务执行期间，通过相关专业的人员对共享数据进行多层次的分析，及时地提出反馈意见，再由现场指挥人员根据这些意见，对预先规划的任务立即做出修改，从而能充分利用很多资源，从战场全局对完成任务提供有力的支持和合理的建议，使得地面站当前的工作更加有效。

（3）控制站软件。由于小型无人机涉及图像处理、无线传输、先进控制以及多传感器融合等尖端技术，同时具有广阔的应用前景，其研究已经成为国际上的热点，地面站作为小型无人机系统的重要组成部分，也成为热门研究课题。许多国家和地区的科研机构、公司、组织和大学，都将其作为重要的研究领域。目前小型及以下的无人机常用的地面站主要有以下两种。

美国 UAV Flight Systems 公司研发的 Ground Pilot 地面站，专门用于该公司 AP40 或 AP50 自动驾驶仪。该地面站较全面地反映了无人机飞行过程中高度、速度、航向、航迹、姿态等信息，并可以实现对无人机飞行模式、高度、空速、航向、航点的控制。

加拿大 Micro Pilot 公司为 MP2028 自动驾驶仪研制的 Horizon 地面站也是一款比较典型的地面站软件，该地面站除具有地面站基本功能外，还拥有用于测试和训练的任务模拟器，便于工作人员对规划的任务进行分析和修改。

国内的一些高等院校，研究所和企业公司也开展了关于无人机地面站技术的研究，并取得了一定的成果。北京航空航天大学智能技术与装备实验室 iFLY 研发团队完全自主研发出性能和国外同类产品相当、完全本土化的地面站 GCS300。该地面站适用于所有 iFLY 自动驾驶仪，具备无人机组网功能，最多可分时控制 16 架无人机，1 个地面站可通过网络向另外 15 个地面站发送数据，实现了飞行状态的多终端远程监控。北京普洛特无人机科技有限公司通过十多年的努力和实际飞行实验，研制出了 UP20 自动驾驶仪及其配套地面站。

（4）控制站硬件。控制站系统泛指地面上可以对无人机发出指令以及接收无人机传回信息的设备，它的硬件可以是一个遥控器，也可以是一部手机，或者说一台笔记本电脑。下面简单介绍两种控制站硬件。

遥控器是一种最简单的控制站，集成了数传电台，通过控制摇杆的舵量向无人机发出控制信号，以此实现对无人机的控制。遥控器分美国手和日本手，区别在于一个是左手油门，一个是右手油门。通常遥控器可以控制无人机飞行姿态，如俯仰运动、滚转运动、偏航运动和控制油门增减无人机飞行动力。

无人机手持控制站控制系统，其特征在于：包括一个壳体，壳体内部的遥控操作模块、遥控传输模块、图传模块、图像显示模块、Android 模块、电源模块和稳压模块，壳体外部的传输天线。电源模块通过稳压模块分别与 Android 模块、图像显示模块、遥控操作模块、图传模块及遥控传输模块电连接，图传模块分别与图像显示模块、Android 模块电连接，遥控传输模块与遥控操作模块电连接。

4. 无人机飞行控制系统

（1）飞行控制系统的组成。无人机飞行控制系统是控制无人机飞行姿态和运动的设备，由传感器、机载计算机和执行机构等部分组成。

1）传感器。

陀螺仪：主要用于记录俯仰、横滚角度，陀螺仪是用高速回转体的动量矩敏感壳体相对惯性空间绕正交于自转轴的一个或两个轴的角运动检测装置。

加速度计：主要记录加速度，是测量运载体线加速度的仪表。加速度计由检测质量（也称敏感质量）、支承、电位器、弹簧、阻尼器和壳体组成。

气压计：主要用于记录海拔。气压计是根据托里拆利的实验原理而制成，用以测量大气压强的仪器。

GPS：主要接收 GPS 卫星导航位置信息，进行无人机位置定位。

2）机载计算机。机载计算机是飞行控制系统的核心部件，应具有姿态稳定与控制、导航与制导控制、自主飞行控制、自动起飞及着陆控制的功能。

3）执行机构。执行机构的主要作用是根据飞控计算机的指令，按规定的静态和动态要求，通过对无人机各控制舵面和发动机节气门等的控制，实现对无人机的飞行控制。

（2）飞行控制系统的功能。飞行控制系统实时采集各传感器测量的飞行状态数据、接收无线电测控终端传输的由地面测控站上行信道送来的控制命令及数据，经计算处理，输出控制指令给执行机构。

5. 无人机通信系统

无人机通信系统由机载设备和地面设备组成。机载设备也称机载数据终端，包括机载天线遥控接收机、遥测发射机、视频发射机和终端处理机等。地面设备包括由天线、通控发射机、遥测接收机、视频接收机和终端处理机构成的测控站数据终端，以及操纵和监视设备。

机载设备一方面接收并处理各个传感器的飞行参数，并将这些数据发送给地面站；另一方面接收来自地面站的遥控指令，以调整无人机飞行参数。地面设备对来自无人机的数据接收处理也发送指令调整飞行状态。

无人机的通信制信号分为遥控器信号、数据传输信号和图像传输信号。不过，遥控器功能不仅体现在遥控操纵方面，还有数据和图像资料的传输方面。通信是通过信号来传输的，所以一般把无人机的无线数据传来操纵无人机的简易地面站使用的还是数据传输的方式，虽然图传和数传使用的手段是相同的，但是一般图传链路和数传链路是相互分开的，这是为了避免一旦图传链路坏了，而影响到数传链路。下面介绍一些无人机所使用的通信方法。

（1）频段。

1）2.4GHz。无人机的遥控器信号大多数采用的无线通信芯片是 2.4GHz 无线技术，也有图传使用 2.4GHz 无线技术的。2.4GHz 无线技术采用的是频段处于 2.4000～2.4835GHz 的信号。这个频段受到的干扰较少，一般用于高速传输情况下，保障了数据有效传输。但是目前手机、蓝牙和 WiFi 都占用这个频道，导致遥控器信号传输分配的带宽很小，为了保证传输信号的质量，传输距离不能太远，在开阔的无人区最远只能达到 1～2km。但是如果一台无人机上既使用 2.4GHz 频段来遥控，又用来图传，这样的后果是相互间干扰较大，不利于飞行。

2）5.8GHz。5.8GHz 频段包含了 3 个 100MHz 频段：

5.15～5.25GHz，适用于室内无线通信。

5.25～5.35GHz，适用于中等距离通信。

5.725～5.825GHz 目前用于社区的宽带无线接入。5.8GHz 也用于遥控器信号传输，但是在画质的处理上，5.8GHz 视频传输器能够完全释放出 64 位模拟色彩度输出，这是 2.4GHz 达不到的，所以航拍一般常用 5.8GH 频段。

3）1.2GHz。1.2GHz 频率最低，穿透力最强，所以直线传输距离也最远，但是这是军方和政府常用的频段，禁止民用。

（2）传输技术。

1）WiFi 传输。WiFi（Wireless Fidelity）是基于 IEEE 802.11b 标准的无线局域网技术，通常使用 2.4GHz 特高频无线电波或 5GHz 超高频无线电波。与蓝牙技术类似，通过该技术相关电子设备可以接入无线局域网，以实现在小范围里高速传输信号无人机上应用的 WiFi 模块。手机端通过 WiFi 连通地面中继端的 WiFi 模块 SKW77，地面中继端的 WiFi 模块 SKW77 通过 WiFi 再沟通无人机端的 WiFi 模 SKW77，既可以发送来自地面手机端的控制信号，也可以通过 WiFi 传输无人机航拍的视频数据到手机端。一般无人机上的 WiFi 模块功能有以下三点：传递控制信号、控制无人机的飞行方向、距离、速度、倾斜角度等，给无人机传输航拍的视频数据；增加传输距离。

2）4GHz 网络。在航模领域，控制无人机常用的是遥控器，信号较好。2.4GHz、5.8GHz 遥控器往往能高质量地传输控制信号，但这是在视线以内可直线传输信号的情况下。如果在非视距内的情况下，比如被建筑物遮挡等，就会出现失控。但如果有了 4GHz 网络，假设网络信号稳定且时延小到忽略不计，那么 4GHz 网络无论是用于遥控器信号的辅助，还是完全用于控制信号，可控范围就会大很多。这就相当于让可以控制的范围扩大到整个 4GHz 网络信号覆盖区域。

4GHz 网络的优点是通信传输距离可以很远，缺点是限于低空 200m，所以只能用于低空民用无人机。

3）5G 无人机。5G 无人机，是当前最具创新精神的移动通信应用之一。虽然目前市面上已经有很多无人机，但他们基本都是通过 WiFi 和蓝牙连接的，只能满足人们的一些娱乐体验。要想从狭窄的娱乐应用空间迈向更为广阔的行业应用市场，无人机离不开通信的支持，而移动 5G，将会为无人机应用带来新机遇。

电力设备中输电线路一般位于崇山峻岭、无人区居多，人工巡视检查设备缺陷的效率较低，因蛇、虫、蚁等小动物咬伤员工的事件也屡见不鲜。

另外，输电铁塔、导线、绝缘子等设备位处高空，应用无人机巡查，既能避免高空爬塔作业的安全风险，亦可以 360° 全视角查看设备细节情况，提高巡视质量。

当前的 4G 网络只能支持 1K 的图传，对于某些细节检查，视频和图片的清晰度明显不足，而 5G 网络可实现上行单用户体验速率 100Mbps 以上，空口时延 10ms，将使得实时视频更加流畅、更加清晰、巡查效果更优。

多旋翼无人机可分别或者组合搭载高清变焦相机、红外相机、夜视相机、激光雷达等多种传感器，传感器通过连入 5G 网络的 CPE 将视频流通过上行链路传输到流媒体服务器中，用户再通过 PC 从该服务器观看巡查，实现电力线巡查高清视频的即拍即传。

无人机 4K 视频实时回传，上行实时 30Mbps 带宽；多机协同 360° 全景拍摄，数据冗余采集，减少由于对巡检目标对角、光线不一致、图像漏拍等导致的 GIS 图像 3D 建模失败，节约成本 30%～90%；地面站与管理中心进行内外场协同作业，即时发现问题并进行图像复采集，作业效率提升 40%～80%。

4）数据卫星。4GHz 通信的最大缺陷是低空控制，高空控制就需要卫星来实现。通过发射卫星提供中继服务，可以使无人机控制范围更广，但是成本高，所以这种方式只作为辅助通信使用传统无人机和卫星无人机通信功能的比较。

5）COFDM。在无人机的视频传输方面，一般的做法是采用模拟图传或者 WiFi 图传，但是模拟图传信号质量不够好，WiFi 图传会有马赛克、容易停顿或卡死。COFDM 技术解决了上述问题。

COFDM 高清图传是指前端摄像机或播放设备通过数字高清接口（HDMI/SDI 数字信号）传送 1920 像素×1080 像素逐行扫描画质的视频给 COFDM 调制方式的发射机，发射机编码后通过天线用无线微波方式向外传送信号，另外一端接收机通过天线隔空接收信号解码还原为全高清数字信号（HDMI）输出。COFDM 高清图传设备通过 COFDM 技术，传输数据量大，距离远，是民用无人机通信图传设备的首选。

6. 无人机导航系统

无人机除了正常的通信以外，在航拍或执行特定任务时还需要一些导航技术，导航是把无人机从出发地引导到目的地的过程。一般需要测定的导航参数有位置、方向、速度、高度和航迹等。目前用于无人机的导航技术有无线电导航、惯性导航、卫星导航、图像匹配导航、天文导航和组合导航等。

（1）无线电导航。无线电导航（Radio Navigation）借助于无线电波的发射和接收，测定无人机相对于导航台的方位、距离等，以确定无人机的导航参数。其特点是受气候条件限制少，作用距离远，精度高，设备简单可靠，应用广。无线电导航分类如下。

按测量电信号的参量：振幅、频率、相位、脉冲。

按测量的位置线几何形状：测角、测距、测速、测距差。

按有效作用距离：近程、远程、超远程、全球定位。

按机载设备实现的系统功能：自备式、他备式。

按无线电导航台的安装位置：陆基、空基、星基。

按飞行区域：航路、终端区。

无线电导航根据测量参数不同分为无线电导航测向、无线电导航测距、无线电导航测距差和无线电导航测速。

无线电导航测向系统：是利用无线电波直线传播的特性，将无人机上的环形方向性天线转到使接收的信号最小的位置，从而测出电台航向，这属于振幅式导航系统。或利用地面导航台发射迅速的的方向图。根据无人机不同位置接收到的无线电信号的不同相位来判定地面导航人机的方位角，这属于相位式导航系统。

无线电导航测距系统：满距系统利用的是无线电波传播需要时间的特点。无人机向地面站发射信号地调动接收到该信号就向无人机也发射信号，无人机然后接收到信号。无人机从发射信号到信号会经过一段时间，根据这段时间就可计算出无人机到导航台的距离。

无线电导航测距差系统：多个导航台同时发射无线电信号，通过各个导航台的信号到达接收机的时间差就可相应地求得距离差。

无线电导航测速系统：无人机上安装的多普勒导航雷达先向地面发射无线电信号，然后接收由地面站反射来的信号。根据多普勒效应，发射的信号频率和反射回来的信号频率是不同的，两者存在个频移，通过这个频移就可求出无人机相对于地面的速度。

（2）惯性导航。惯性导航是通过测量飞行过程中的加速度（加速度是指一段时间内速度的变化量与这段时间的比值，反应速度变化的快慢），经过运算得到无人机当时速度和位置的一种综合性导航技术，是应用较为广泛的导航方式。

惯性导航的优点：自主导航，隐蔽性好，不受外界电磁干扰；可全天候全时间工作于空中地球表面乃至水下；能提供位置、速度、航向和姿态角数据；数据更新率高，短期精度高，稳定性好；缺点是导航信息由积分器产生，定位误差随时间而增大，长期精度差；初始对准时间较长；设备价格昂贵。

惯性导航原理简述：在二自由度惯性导航中，无人机上装有陀螺平台，平台始终平行于地面。在平台上沿南北方向和东西方向分别放置一个加速度计，飞行起点为原点，无人机开始飞行后，加速度计随时测量两个方向的直线加速度，最终计算得到速度和位移。为了解决无人机姿态变化会使加速度计受到的重力发生变化，最终测量的加速度会有误差的问题，人们提出了两种解决方案：平台式惯性导航系统加装陀螺平台，这个平台不受无人机姿态影响，然后把加速度计安装在陀螺平台上。捷联式惯性导航系统没有陀螺平台，直接将 3 个加速度计安装在无人机上，与 3 条机体轴相一致，同时还安装有绕三轴的角速度陀螺。这种方式简单，重量轻，可靠，易维护，虽然没有陀螺平台，但是计算机会建立“平台”代替陀螺平台。

（3）卫星导航。卫星导航是利用导航卫星发射的无线电信号，求出无人机相对卫星的位置，再根据卫星相对地面的位置，计算出无人机在地球上的位置，卫星导航系统由导航送限、地面台站和用户定位设备3个部分组成。

目前世界上已有的卫星导航系统有美国的卫星全球定位系统（GPS），俄罗斯的全球导航卫星网（GLONASS），欧洲的“伽利略”导航卫星系统和中国的“北斗”导航定位卫星系统（BDS）。

1）GPS（全球定位系统）。GPS由空间部分地面测控部分和用户部分三者组成。GPS的空间部分是由24颗卫星组成，其中有21颗工作卫星3颗备用卫星。地面控制部分由监测站、主控制站、地面天线所组成，用户部分包括GPS接收机和用户团体。

2）GLONASS（全球导航卫星网）。GLONASS系统由星座、地面支持系统和用户设备三者组成。GLONASS星座由27颗工作卫星和3颗备用卫星组成。地面支持系统由系统控制中心、中央同步器、遥测遥控站（含激光跟踪站）和外场导航控制设备组成。

3）“伽利略”导航卫星系统。“伽利略”导航卫星系统由全球设施部分、区域设施、局域设施、用户端和服务中心5个部分组成。全球设施部分由空间段和地面段组成，空间段由分布在3个轨道上的30颗中等高度轨道卫星（MEO）构成；地面段由完好性监控系统、轨道测控系统、时间同步系统和系统管理中心组成。

4）“北斗”导航定位卫星系统。“北斗”导航定位卫星系统（BDS）是中国自行研制的全球卫星导航系统，是继美国GPS和俄罗斯GLONASS之后第三个成熟的卫星导航系统。

BDS的空间段部分计划由35颗卫星组成，包括5颗静止轨道卫星、27颗中地球轨道卫星、3颗倾斜同步轨道卫星。5颗静止轨道卫星定点位置分别为东经58.75°、80°、110.5°、140°，160°；中地球轨道卫星运行在3个轨道面上，这3个轨道面均匀分布，之间相隔120°。BDS目前已实现对东南亚全覆盖。

BDS可在全球范用内全天候、全天时为各类用户提供高精度、高可靠定位、导航、授时服务，并具报报文通信能力已经初步具备区域导航定位和授时能力，定位精度0.2m/s，授时精度10ns。

（4）图像匹配导航。由于地表特征一般很难发生变化，所以预先拍摄地表图片存储在无人机中。当无人机通过时根据当前地表特征来判断飞行位置，从而进行导航。图像匹配导航分为地形匹配导航和图像匹配导航两种。图像匹配导航的关键数据原用称为数字地图。

（5）天文导航。天文导航是以已知准确空间位置的自然天体为基准，通过天体测量仪器被动地探测天体位置，经解算确定测量点所在载体的导航信息。天文导航不需要其他地面设备的支持，所以具有自主导航特性，也不受人工或自然形成的电磁场的干扰，不向外辐射电磁波、隐蔽性好定位定向的精度比较高定位误差不随时间积累，具有广泛应用。常用的天文导航仪器有星体跟踪器、天文罗盘和六分仪等。星体跟踪器能从天空背景中搜索识别和跟踪星体。并测出跟踪器瞄准线相对于参考坐标系的角度；天文罗盘通过测量太阳或星体方向来指示无人机的航向；六分仪通过对恒星或行星的测量从而指示出无人机的导航信息。

（6）组合导航。组合导航是无线电导航、卫星导航、图像匹配导航和天文导航等一个或几个与惯性导航组合在一起，形成的综合导航系统。因为惯性导航能够提供比较多的导航参数，还能够提供全姿态信息参数，所以一般组合导航中以惯性导航为主。

7. 无人机任务载荷系统和发射回收系统

（1）无人机任务载荷系统。无人机任务载荷系统是指装备到无人机上用以实现无人机飞行所要完成的特定任务的设备、仪器及其子系统。无人机系统升空执行任务，通常需要搭载任务载荷。任务载荷一般与侦察武器投射、通信、遥感或货物运输有关。无人机的设计通常围绕所应用的任务载荷进行。有些无人机可携带多种任务载荷。任务载荷的大小和重量是无人机设计时最重要的考虑因素。

1）军用任务载荷。军用无人机安装的光电侦察设备主要有CCD前视红外仪、合成孔径雷达、激光测距（SAR）和激光雷达等。

CCD（Charge Coupled Device）即电荷耦合器件，也称CCD图像传感器。CCD是一种半导体器件，能够把光学影像转化为数字信号，其上植入的微小光敏物质称作像素，像素数越多画面分辨率越高。它的作用就像胶片一样，但它是把图像像素转换成数字信号。与航空照相机相比，具有实时信号传输能力，同时体积小、重量轻、寿命长、可靠性高，更适合作为机载设备。

前视红外仪：具有高光学分辨力的高速扫描热像仪。通常装在无人机的头部，摄取无人机前方和下方景物的红外辐射。前视红外仪是热成像技术在军事上的一项重要应用，可以完成夜间监视，目标捕获、定位和指引，火炮和导弹的瞄准攻击等，也能作为白天或夜间无人机滑行、起飞和着陆时的辅助导航设备。

合成孔径雷达：合成孔径雷达在夜间和恶劣气候时能有效地工作，它能够穿透云层、雾和战场遮蔽，以高分辨率进行大范围成像。目前，轻型天线和紧凑的信号处理装置的发展以及成本的降低，使合成孔径雷达已经能够装备在战术无人机上。

激光测距和激光雷达：是以发射激光束探测目标的位置、速度等特征量的雷达系统。其工作原理是向目标发射探测信号（激光束），然后将接收到的从目标反射回来的信号（目标回波）与发射信号进行比较，做适当处理后，就可获得目标的有关信息，如目标距离、方位、高度、速度、姿态，甚至形状等参数，从而对无人机、导弹等目标进行探测、跟踪和识别。

2）民用任务载荷。民用无人机近年来逐渐进入人们的工作和生活中，为各个领域提供了很多方便，比如，装载了航空照相机、摄像机、红外热像仪，搭载药箱、喷洒设备或者 GPS 等任务载荷的无人机，可以完成很多人难以完成的任务。

航空照相机：是一种利用光学成像原理形成影像并使用底片记录影像的设备，是用于摄影的光学器械。在现代社会生活中有很多可以记录影像的设备，它们都具备照相机的特征，比如医学成像设备、天文观测设备等。

摄像机：将光学图像信号转变为电信号，以便于存储或者传输。当拍摄一个物体时，此物体上反射的光被摄像机镜头收集，使其聚焦在摄像器件的受光面（如摄像管的靶面）上，再通过摄像器件把光转变为电能，即得到了视频信号。光电信号很微弱，需通过预放电路进行放大，再经过各种电路进行处理和调整，最后得到的标准信号可以送到录像机等记录媒介上记录下来，或通过传播系统传播或送到监视器上显示出来。

红外热像仪：主要用于研发或工业检测与设备维护中，在防火、夜视以及安防中也有广泛应用。热像仪是利用红外探测器和光学成像物镜接收被测目标的红外辐射能量分布图形反映到红外探测器的光敏元件上，从而获得红外热像图，这种热像图与物体表面的热分布场相对应。通俗地讲，热像仪就是将物体发出的不可见红外能量转变为可见的热图像。热图像上的不同颜色代表被测物体的不同温度。

（2）无人机发射回收系统。发射回收系统保证无人机顺利完成起飞升空，并在执行完任务后保证无人机从天全降落到地面。

1）发射系统。

手抛发射：这种发射方式简单、可靠但是受到重量限制，是所有发射方式中最简单由操作手投掷到空中，一般适用于微小型低速无人机，靠无人机自身动力起飞。

弹射式发射：是将弹性势能转换为机械能，使无人机加速到安全起飞速度。比如，在压缩空气橡皮筋或者液压等弹射装置产生的弹力作用下，使安装在轨道式发射装置上的无人机发射升空，当无人机飞离发射装置后，由无人机上的主发动机产生升力并完成飞行任务。

起落架滑跑起飞：无人机起落架滑跑起飞受到地面环境条件的限制，与有人机起飞方式相似，不同的地方有以下两点。无人机起落架可以采用可弃式起落架，只在起飞阶段用到起落架，起飞后抛弃，减轻无人机重量，等到回收目用其他回收方式；轻微型无人机一般采用固定起落架结构简单。远航飞行的大小型无人机采用可收放起落架，以减少飞过程中因起落架产生的阻力。起落架滑跑起飞几乎适用于任何类型的无人机。

空中发射：无人机一般由直升机携带在两侧或者悬挂在固定翼无人机机翼下和机腹的挂架上，由有人驾驶飞机携带无人机到空中，当达到无人机预定所需高度和速度时先启动无人机发动机再将无人机投放至空中。无人机空中发射成本较高，除任务特别要求外一律不采用。

垂直起飞：这种起飞方式对场地要求不高，且多旋翼无人机和固定翼无人机垂直起飞方式不同。多旋翼无人机垂直起飞：以旋翼作为产生升力的部件，动力系统工作带动旋翼旋转产生升力，垂直起飞。固定翼无人机垂直起飞：有两种形式，种是在发射场上将无人机以垂直的姿态放置，由无人机尾部支座支撑在机上发动机作用下起飞。另一种是在无人机上配置专门用于垂直起飞用的发动机，使无人机能够垂直起飞。

2）回收系统。

伞降回收：由主伞和减速伞（阻力伞）二级伞组成降落伞，回收方式较为普通。使用伞降方式回收时，先由无人机接收地面站发送的回收指令，无人机开始无动力飞行，减速降高到合适值时，减速伞打开，无人机下降过程的速度减小到合适高度速度时主伞打开，无人机慢慢着陆、着陆开关接通主伞脱离。

空中回收：用有人机回收无人机，使用这种回收方式的前提是无人机上必须有空中接收系统，无人机上必须有减速伞、主伞、钩挂伞、吊索和可旋转的脱落机构。其工作过程是地面站给无人机发出遥控指令，无人机接收指令，减速伞打开，同时使发动机停车，无人机开始下降。当无人机在减速伞作用下降到合适高度和速度时，主伞和钩挂伞打开，钩挂伞高于主伞，吊索方向指向前进的方向，此时有人机逆风进入，钩住无人机钩挂伞和吊索，主伞自脱离无人机，有人机空中悬挂运走无人机。这种回收方式的好处是不会损伤无人机；不足之处是成本过高，不能大范围使用。

起落架滑跑着陆：回收方式与有人机相似，无人机起落架滑跑着陆受到地面环境条件的限制，不同之处如下：在跑道要求方面，无人机比有人机要求低。有些无人机特意将起落架局部设计成较脆弱的结构，用以吸收无人机着陆时撞地能量。有些无人机会在尾部装上尾钩，在回收着陆滑跑过程中，尾钩勾住地面的拦截索通过拦截索的弹性变形吸收无人机的动能，降低速度缩短滑跑距离。

撞网回收：用阻拦网系统回收无人机是目前世界小型无人机较普遍采用的回收方式之一。阻拦网系统通常由阻拦网、能量吸收装置和自动引导设备组成。能量吸收装置与阻拦网相连，其作用是吸收无人机撞网的能量，免得无人机撞网后在网上弹跳不止，以致损伤自动引导设备一般是一部置于网后的电视摄像机，或是装在阻拦网架上的红外接收机，由它们及时向地面站报告无人机返航路线的偏差。

“天钩”回收：和撞网回收相似，回收时控制无人机飞向绳索，利用无人机翼尖挂钩勾住绳索回收。

（二）多旋翼无人机的组装、调试

1. 多旋翼无人机的组成

多旋翼无人机一般由机架、动力系统飞控系统，遥控装置和任务载荷等模块组成。

（1）机架。多旋翼无人机机架结构的安装基础起承载作用。根据旋翼轴数的不同，可分为三轴、四轴、六轴、八轴，甚至是十八轴。而根据发动机个数分为三旋翼、四旋翼、六旋翼，甚至十八旋翼机架的。轴数和旋翼数一般情况下是相等的，但也有特殊情况，比如三轴六旋翼是在三个轴每个轴上下各安装一个电动机，构成六旋翼。

（2）动力系统。动力系统是指无人机飞行提供动力的系统，目前多旋翼无人机采用的动力系统一般分为电动系统和油动系统，在民用和商用领域多旋翼无人机常用的是电动系统，电动系统一般由电池电动机电调和螺旋桨组成。

1）电池。电池为无人机提供能量分为镍铬，镍氢锂离子和锂聚合物电池的。

2）电动机。电动机是指直接将电能转化为机械能的部件，与有刷电动机相比，无刷电动机具有效率高寿命长等优势，多旋翼无人机往往采用外转子电动机无刷电动机，基本不需要定时保养。

3）电调。电调是指将飞控板的控制信号进行功率放大，并向各开关管送去，能使其饱和导通和可靠关断的驱动信号，以控制电动机的转速。

4）螺旋桨。螺旋桨是安装在无刷电动机上的桨叶，通过电动机旋转带动螺旋桨旋转，从而产生拉力或推力。多旋翼无人机采用定矩螺旋桨，其桨矩固定不变。螺旋桨从桨毂到翼间一间安装角逐渐减小。这是因为半径越大的地方线速度越大。所以半径越大的桨叶段，受到的空气反作用力就越大。容易造成桨叶因各处受力不均匀而折断。

（3）飞控系统。无人机飞控系统以下简称飞控是控制无人机飞行姿态和运动的设备，由传感器、机载计算机和执行机构三大部分构成。飞控中心度的感应器元件包括陀螺仪、加速度计、角速度机器、GPS、指南针、控制电路等能够稳定无人机飞行姿态，并能控制无人机自主或半自主飞行。多旋翼无人机本质上是一个不稳定的系统，所以飞控系统无时无刻不在监视并控制着无人机的飞行状态，将遥控器和地面站的飞行指令转化成对应的 PWM 信号发送给电动机，使无人机尽可能满足设定的飞行要求。

多旋翼无人机常用的飞控主要有以下几种。

1）F3 飞控。是为非手提供高性能的飞行体验而设计的，具有经过验证的传感器算法，同时还提供无与伦比的 I-O 能力，使用新一代的 CPU 把设计浓缩到一个轻巧的 PCB 上。

2）F2 飞控。是一款面向商用及工业用多权益平台的飞行控制系统，它以主控器为核心，通过主控器将 IMU、GPS-COMPASS PROPLUS、LED-BT-1、PMU 和电调等设备接入 A2 系统，利用 IMU 惯性导航结合 GPS 可进行高精度定位，实现无人机控制功能。

3）NAZA 飞控。是一款专为多选与无人机爱好者打造的新一代轻量级多旋翼控制平台，其创新的一体化设计理念，将控制器、陀螺仪、加速度计和气压计等传感器集成在了一个更轻更小巧的控制模板中，同时可提供 D-BUS 支持且支持固件在线升级功能，硬件均可扩展。

4）A3 飞控。是代表着大疆飞控技术，在当下的最高水平，全新 A3 系列飞控系统结合安全可靠和精准控制的特性，以丰富的扩展功能和外设支持开创更多可能全面满足行业应用的严苛需求。

（4）遥控装置。是指地面上可以对无人机发出指令以及接收无人机传回信息的设备，它的硬件可以是一个遥控器，也可以是一部手机或者是一台笔记本电脑。

多旋翼无人机的应用中，遥控器是最常见的一种遥控装置，遥控器集成了数传电台，通过控制遥感的舵量，向无人机发出控制信号，以此实现对无人机的控制。遥控器分美国手和日本手区别在于一个是左手油门，一个是右手油门，通常遥控器可以控制无人机飞行状态，如俯仰运动滚转运动偏航运动，并通过控制油门增减无人机飞行动力。

1）遥控器。遥控器的作用是发送驾驶员的遥控指令到接收机上接收机接受指令并解码后传输到遥控，进而控制无人机根据也要控制并做出各种飞行动作，无线电遥控器是利用无线电信号对远方的各种机构进行控制的遥控设备，这些信号被远方的接收设备接收后，可以指令或驱动其他各种相应的机械或者电子设备，完成各种操作，如控制无人机完成飞行任务。

2）接收机。接收机用来接收发射机发出的无线电信号，由于接收机被安装在机架上一般都轻巧，普通接收机比一个火柴盒还小，质量仅十几克，而超小型接收机更是只有一枚硬币，一般要与发射器配套使用。

（5）任务载荷。任务载荷是指装备到无人机上、用于实现无人机飞行所要完成的设备仪器和分系统，统称为无人机的任务载荷。无人机系统升空执行任务，通常需要搭载任务载荷，任务载荷一般与侦察武器投射通信遥感或货物运输有关，无人机的设计通常围绕所对应的任务才可进行，有些无人机可携带多种任务载荷，任务载荷的大小和重量是无人机设计最重要的考虑因素。

常用的任务载荷有图传及云台：图传是指无线图像传输，提供机载设备的无线图像系统的数据链路通道，负责记载图像采集数据实时无损或有损的传输到地面接收设备上，用实时观察和存储以及图像分析等后续工作；云台是指安装固定摄像机的支撑设备，主要作用是防止拍摄画面抖动以及控制云台转动角度改变拍摄角度。

以四旋翼 M300 无人机为例，其组成见图 2－1。

2. 组装步骤

微型及以下多旋翼无人机的内部结构相对简单，组装的过程有很多相似性，建议一般的组装步骤为机架的组装动力系统的组装、飞控系统组装、遥控装置的组装和任务载荷的组装。在不影响飞行性能的情况下，部分组装顺序可以适当调整。不同的多旋翼无人机产品，其组装步骤可能会要求两个或两个以上的系统并行组装。

（1）机架安装。

1）机架简介。机架通常由机臂、中心板和脚架等部分组成。

旋翼轴数：按旋翼轴数分类，一般分为 4 旋翼无人机、6 旋翼无人机和 8 旋翼无人机。

机架轴矩：轴矩是指机架对角线两个电动机或者桨叶中心的距离，机架按轴矩一般分为 180 无人机、250 无人机、450 无人机等。

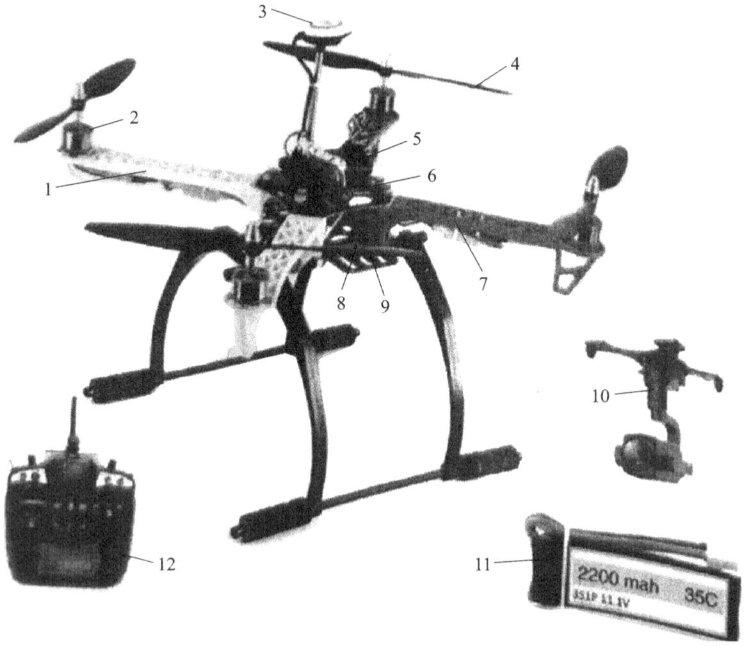

图 2－1　四旋翼 M300 无人机组成

1—机架；2—电动机；3—GPS；4—螺旋桨；5—飞控；6—接收机；7—电调；
8—图传；9—分电板；10—云台、相机；11—电池；12—遥控器

机架布局：常见的计价布局有 X 型、I 型 V 型、Y 型和 IY 型的。

机架材质一般有以下几种：

塑料：比较适合初学者，价格便宜；玻璃纤维：相比塑料机架，玻璃纤维强度高，重量轻，价格贵，中心板多用玻璃纤维，机臂多用管型；碳纤维：相比玻璃纤维机架强度更高，价格更贵；铝合金/钢：适合自己制作。

2）机架的组装步骤。以下以 M300 多旋翼无人机为例，介绍其组装步骤。

注意事项：检查机器零部件是否缺失；查零部件是否有破损、变形；检查螺钉数量是否足够，螺钉长度是否合适；使用符合螺钉规格的螺钉旋具防止螺钉滑丝；焊接时注意不能有虚焊，防止在飞行过程中因为抖动面导致接口松动；上螺钉时按照对角线原则拧螺钉，把所有螺钉上完再拧紧；同颜色机臂装在同一侧，以方便飞行时辨认机头方向。

组装步骤：将变调的输入端两根电源线分别焊接到中心板（分电板）的正极（红线）和负极（黑线）上；焊接动力电源线；使用万用表检查电路是否连通；按顺序把 4 个机臂安装在中心板上，同色机臂在同一侧；安装云台脚架。

（2）多旋翼无人机动力系统的组装。目前多旋翼无人机采用的动力系统一般分为电

动系统和油动系统，采用电动系统和油动系统的多旋翼无人机各具特点，应用场合和性能特性也有区别，两者其特点比较如下所示。

电动无人机优点：系统稳定性强，可靠性高；日常维护简单易掌握，对操作员的操作水平要求低；场地适应能力强，展开迅速，轻便灵活；高原性能优越，电动机输出功率不受含氧量影响；电池可充电重复使用，使用成本低，同时环保低碳；震动小，成像质量好。

油动无人机优点：具有较强的抗风能力；续航能力强。

电动无人机缺点：抗风力强较弱，最高可抗 5 级风。续航能力弱（基于现有电池的能量密度，电动无人机的续航能力较弱）。

油动无人机缺点：使用复杂不易掌握，对操作员的操作水平要求高；稳定性弱（现有民用无人机大多采用航模发动机，发动机稳定性差，工艺复杂）；环境场地适应能力差，高原性质不足；震动大（发动机震动较大，影响成像质量容易对传感器造成损伤）；危险性大（油动无人机系统较重，危害大）。

目前，国内民用、商用多旋翼无人机市场，主要以电动多旋翼无人机应用为主，所以本节主要针对电动系统进行介绍。

1）电动系统。系统是将化学能转化为电能，再转化为机械能，为无人机飞行提供动力的系统，一般由电池、电动机、电子调速器和螺旋桨组成。

① 电池。

a. 标称电压。电池电压是用伏特（V）来表示的，标称电压是厂家按照国家标准标示的电压，实际使用时电池的电压是不断变化的，一般来说，一组或一个电池的电压都是标称电压，比如，离聚合物电池，其标称电压一般为 3.7V，但使用中的实际电压往往高于或低于标准电压，离聚合物单块电芯电池正常使用的最低电压是 2.7V，最高是 4.2V。

b. 电池容量。电池容量使用毫安•时（mA•h）来表示的，它的意思是电池在 1h 内可以放出或充入的电流量。例如，1000mA•h 就是这个电池能保持 1000mA（1A）放电 1h。但是电池的放电并非是线性的，所以不能说这个电池在 500mA 时能维持 2h。不过电池的小电流放电时间总是大于大电流放电时间的，所以可以近似推算出电池在其他电流情况下的放电时间。一般来说，电池的体积越大，它存储的电量就越多，这样无人机的质量也会增加，所以选择合适的电池对无人机的续航时间影响很大。此外，某些厂家生产的电池标称电量往往高于它的实际电量。

c. 充电倍率和放电倍率。充电倍率：一般用于充电时限制最大充电电流，以免充电电流过大损害电池使用寿命，计算方法与放电电流相同，也用倍数（C）来表示。C 的倒数是电池放完电所用的时间单位，单位为 h。例如 1C 是 1/1h 放完电，2C 是 1/2h 放完电。如果一个电池标着 2000mA • h，以 2000mA 放电，则 1h 放完电；2000mA • h 电池以 6000mA 完全放电，为 3C（2000mA × 3）。因此，电池的 C 额定值是根据它的容量确定的。

放电倍率：电池的放电能力是以倍数，即放电倍率（C）来表示的，即按照电池的标准容量可达到的最大放电电流。例如，一个 1000mA • h、10C 的电池，最大放电电流可动 1000mA×10＝10 000mA＝10A。在实际使用中，电池的放电电流与负载电阻有关，根据欧姆定理，电压等于电流乘以电阻，所以电压和电阻是常数时，电池的放电电流也是一定的。例如使用 11.1V、1100mA • h、10C 的电池，电动机的电阻是 1.5Ω，那么在电池电压为 12V 的情况下，忽略电调和线路的电阻，电流为 12V/15Ω＝8A。此外，放电电流不但和 C 有关，还和容量相关，因此 C 小的电池有可能比 C 大的放电电流还要大。不论何种电池，放电倍率越大，寿命越短。

不能用低 C 的电池大电流充电或放电，这会使电池迅速损坏，甚至自燃。

d. 串联并联数。经常用“XSXP”表示多少电芯并联或串联的情况。XS（serice，串联）代表 4 电池组中串联电池的个数，例如 3S 代表内有 3 个电芯串联。XP（parallel，并联）代表电池组中并联电池的个数。因此，2100mA • h 电芯名为 3S4P 的电池组共有 12 个电芯。12 个电芯中，3 个串联电芯决定了电池组电压，因为串联电芯的数量决定电压大小。因为是 4 个电芯并联，所以最大放电电流是单个电芯最大放电电流的 4 倍。通常，11.1V 的锂电池都由 3 个锂电芯串联而成（3S1P）。

e. 循环寿命。电池的循环寿命一般是指充满并放光一次电，即充电周期的循环数，但充电周期和充电次数没有直接关系。例如，一块锂电池在第一天只用了 1/2 的电量，然后又为它充满电。如果第二天还如此，即用 1/2 就充，总共两次充电，这只能算作一个充电周期，而不是两个。因此，通常可能要经过好几次充电才能完成一个周期。每完成一个充电周期，电量就会减少一点。不过，减少幅度非常小，高品质的电池经过多个充电周期后，仍会保留原始电量 80%，很多锂电供电产品在经过两三年后仍然可以照常使用，就是这个原因。

锂电池的寿命一般为 300～500 个充电周期。假设一次完全放电提供的电量为 Q，如不考虑每个充电周期以后电量的减少，则锂电池在其寿命内总共可以提供或为其补充（300～500）Q 的电量。由此可知，如果每次用完 1/2 电量就充，则可以充 600～1000 次；

如果每次用完 1/3 电量就充，则可以充 900～1500 次。依此类推，如果随机充电，则次数不定。总之，不论怎么充，总共补充（300～500）Q 的电量这一点是恒定的。所以，也可以这样理解：锂电池寿命和电池的总充电电量有关，和充电次数无关。事实上，浅放/浅充对于锂电池更有益处，只有在产品的电源模块为锂电池做校准时，才有深放/深充的必要。所以，使用锂电池供电的产品不必拘泥于过程，一切以方便为先，随时充电，不必担心影响寿命。电池到了循环寿命后，老化严重，容量将下降很多。循环寿命也是衡量电池的重要指标。IEC 标准规定电池的循环寿命达到 500 次后，应仍能保持容量为初始值的 60%；国标规定循环 300 次后。容量应保持为初始容量的 70%。

f. 电池使用注意事项。禁止反向充电。正确连接电池的正负极、严禁反向充电。若正负极接反。将无法对电池进行充电。而且会使电池受到破坏、甚至导致发热、泄漏、起火。

新的锂电池组充电之前，应逐个检查电芯的电压。充/放电 10 次后，再检查电压。如果每次放电后电池都不平衡，必须更换其中的不良电池，尽量减少快速充电的次数，必须等锂电池完全冷却后才能充电，否则会严重损坏电池，刚用过的锂电池，即使表面已完全冷却、内部依然有一定余温，因此，应至少静置锂电池 40min 以上再充电；切勿充电时无人看守；考虑安全，充电时尽量使用防爆袋；放在阻燃材料上充电，着火时可以避免其他物体燃烧，减少损失。

放电电流不得超过说明书规定的最大放电电流，使用高于推荐电流充电可能引起电池充/放电性能、力学性能和安全性能等方面问题，并可能导致发热或泄漏。

充电电压不得超过规定的限制电压，通常 4.2V 为每个电芯充电电压的上限。电池电压高于 4.2V 属于过度充电，内部化学反应过于剧烈，锂电池会鼓气膨胀，若继续充电会燃烧。严禁采用直充（非平衡化）充电，否则可能造成电芯过度充电。

电池必须在产品说明书规定的环境温度范围内进行充电，否则电池易受损坏。当发现电池表面温度异常（超过 50℃）时，应立即停止充电。也必须在说明书规定的工作温度范围内放电。当电池表面温度超过 70℃时，要暂时停止使用，直到电池冷却到室温为止。

锂电池电压低于 2.75V 就属于过度放电，此时锂电池会膨胀，内部的化学液体会结晶，这些结晶有可能会刺穿内部结构层造成短路，甚至会使锂电池电压变为零。如果不需供电，一定要断开电调上的插头，以免电池发生漏电情况。要发挥锂电池的最大效能，就要经常使用它，让电池内的电子始终处于流动状态。锂电池深度放电的程度越小，则使用的时间越长，如果有可能，应尽量避免完全充/放电。

电池应放置在阴凉的环境下储存，长期存放电池（超过3个月）时，建议置于温度为10～25℃且无腐蚀性气体的环境中。电池在长期储存过程中，应每3个月充/放电一次以保持电池活性，并保证每个电芯电压在3.7～3.9V范围内。锂电池充满电时内部的化学反应很活跃。如果维持在满电状态电压虽不会降低，但实际放电时化学反应会变得迟缓，放电平台下降，导致锂电池性能大不如前。因此，充满电的锂电池最好在24h内使用。充满电的电池，不能满电保存超过3天，如果超过一周不放电，有些电池就直接鼓包了；有些电池可能暂时不会鼓包，但几次满电保存后，就会毁坏。因此，正确的方式是准备试飞之前才给电池充电，如果因各种原因没有使用，也要在充满后3天内把电池放电到3.8V。

选用时要注意电池输出电流一定要大于电动机的最大电流，电动机工作电压由电调决定，而电调电压由电池输出决定，所以电池的电压要等于或小于电动机的最大电压。电池电压不能超过电调最高承载电压。

电池的放电电流达不到电调的电流时，电调就发挥不了最高性能，而且电池会发热，产生爆炸，所以一般要求电池的持续输出电流大于电调的最大持续输出电流；电池容量与无人机续航能力密切相关，电池容量越大，续航能力越强。

② 电动机。

a. 无刷电动机工作原理。无刷电动机在电磁结构上与有刷直流电动机一样，但其电枢绕组放在定子上，转子上安装永磁铁。电动机的电枢绕组一般采用多相形式，经由驱动器接到直流电源上，定子采用电子换向代替有刷电动机的电刷和机械换向器，依靠改变输入无刷电动机定子线圈上的电流频率和波形，在绕组线周围形成一个绕电动机几何轴心旋转的磁场，这个磁场驱动转子上的永磁铁转动和转子磁极主磁场相互作用产生转矩使电动机旋转。

b. 无刷电动机参数。以某无刷电动机X2212为例：

电动机尺寸：无刷电动机尺寸对应4位数字，其中前两位是电动机转子的直径（单位：mm），后两位是电动机转子的高度。简单来说，前2位越大，电动机越粗；后2位越大、电动机越高。

额定电压：即无制电动机适合的工作电压。其实无刷电动机适合的工作电压范围非常广，额定电压是指定了负载条件而得出的电压。例如，某型号电动机指定了1045螺旋桨的负载，其额定工作电压就是 11V。如果减小负载，如带 7040 螺旋桨，则这个电动机完全可以工作在 22V 电压下。但是这个工作电压也不是无限上升的，主要受制于电调支持的最高频率。所以说，额定工作电压是由工作环境决定的。

kV 值：无刷电动机引入了 kV 值的概念。电动机 kV 值用来表示电动机空载转速，指电压每增加 1V 无刷电动机增加的每分钟转速，即电动机空载转速＝电动机 kV×电池电压。比如，使用 kV 值为 920 的电动机、电池电压 11.1V，那么电动机的空载转速应该为 920×11.1＝10 212r/min。kV 值是电动机的一个重要参数。可以简单理解为电动机扭矩与速度的一种平衡关系。电动机的 kV 值越高，提供的扭力就越小，kV 值越低，效率越高，控制的扭力越大。选择时应遵循准则：高 kV 值电动机适合在低电压、高转速环境下、搭配小直径螺旋桨工作；低 kV 值电动机适合在高电压、低转速环境下、搭配大直径螺旋桨工作。

最大电流和最大功率：根据散热量的大小，每个电动机工作时的最大电流（电动机能够承受并安全工作的电流）是有限的。这个指标称为最大允许电流。以安培（A）为单位，因为无刷电动机都是三线电动机，所以一般以电调输入电流，即电池输出线上的电流作为其总电流，超额运转时很容易烧毁。

电动机能够承受并安全工作的最大功率极值称为最大功率。功率的选择首先要确定负载总质量，计算所需电动机功率。例如，按照 1W 功率带 4g 质量计算，无人机质量（含电池）为 800g 时，实际所需的功率是 800W/4＝200W。选择多旋翼电动机时必须选择合适功率的电动机以及与它搭配的螺旋桨动作在相对轻松的状态。一般来说，悬停时工作功率是最大功率的 30%～45%比较好。不能小马拉大车，也不能大马拉小车。

③ 电子调速器。是控制电动机转速的调速器，必须与电动机相匹配。

a. 电调的作用。电调最基本的功能就是通过飞控板给定 PWM 信号进行电动机调速；为遥控接收机上其他通道的舵机供电、为飞控供电、充当换相器的角色，因为无刷电动机没有电刷进行换相，所以需要靠电调进行电调换相；还有一些其他辅助功能，如电池保护、启动保护和刹车等。

b. 电调的指标参数。多旋翼无人机电调参数主要有电流、内阻、刷新频率，同时需要有可编程特性和较好兼容性。

电流：无刷电调最主要的参数是电调的持续电流，单位为安培（A），如 10A、20A、30A。不同电动机需要配备不同电流的电调。无刷电调有持续电流和瞬时电流两个重倒数，前者表示正常时的电流，后者表示电调承受的最大电流。选择电调型号时一定要注意电调最大电流的大小是否满足要求，是否留有足够的安裕度容量，以避免电调上面的功率管烧坏。

内阻：电调具有相应内阻，需要注意其发热功率。有些电调电流可以达到几安培，发热功率是电流平方的函数，所以电调的散热性能也十分重要，大规格电调电阻一般都比较小。

刷新频率：电动机的响应速度与电调的刷新频率有很大关系。在多旋翼无人始发展之前，电调多为航模无人机设计，航模无人机上的舵机由于结构复杂，工作频率最大为50Hz。相应的，电调的刷新频率也都为 50Hz。多旋翼无人机不使用舵机，而是由地直接驱动，其响应速度远超舵机。目前，高速电调可支持高 500Hz 的刷新频率。

可编程特性：通过内部参数设置，可以达到最佳的电调性能。通常有 3 种方式对电调参数进行设置：通过编程卡直接设置电调参数；通过 USB 连接，用计算机软件设电调参数；通过接收机、用遥控器摇杆设置电调参数。设置的参数包括电池低压断电电压设定、电流限定设定、刹车模式设定、油门控制模式设定、切换时序设定、断电模式设定、启动模式设定以及 PWM 模式设定。

兼容性：如果电动机和电调兼容性不好就会发生堵转现象，即电动机不能转动，所以要求电调兼容性要好。

c. 电调驱动。电调驱动包括方波驱动和正弦波驱动。

方波驱动：方波是数字信号，控制元件工作在开关状态，具有电路简单、容易控制、发热少等优点。

正弦波驱动：正弦波属于模拟信号，模拟信号控制相对复杂，而且控制元件工作在放大状态，发热严重。但正弦波驱动在运行平衡性、调速范围和减少噪声、振动等方面要比方波驱动好得多。

d. 电调的选择。常用的电调品牌有好盈、花牌和银燕等。

e. 选用原则。在选择电调之前，应比较各品牌电调的性能参数和性价比，选择最合适的电调；电调和电动机要合理匹配；电调的输出电流必须大于电动机的最大电流。

④ 螺旋桨。

a. 螺旋桨的分类。根据材质的不同，桨叶可以分成注塑桨、碳纤桨和木桨。

注塑桨：指使用塑料等复合材料制成的桨叶。无人机爱好者公认美国 APC 系列的桨叶质量最好。APC 系列螺旋桨由美国 Landing Prodsetse 设计生产，该厂除设计模型用螺旋桨外，也设计载人无人机所使用的螺旋桨，如美国海军 UAV 垂直起降无人机所使用的螺旋桨，其所生产的螺旋桨具有强度高、不易变形的特质，并且高效率的流体力学设计使其成为无人机爱好者的首选，见图 2－2。

图 2－2　注塑桨

碳纤桨：指使用碳纤维制成的桨叶。碳纤维是一种与人造丝、成纤维类似的纤维状碳材料。由于碳纤维材料具有优异的硬度，可制成合适的桨形，因常适合技巧性飞行，其效率优于木桨，但价格比木桨更贵，见图 2－3。

木桨：指使用木材制成的桨叶，硬度高、质量轻，材料多为榉木，经过风干、打蜡、上漆以后不怕受潮。在航空史中，木桨在早期扮演了非常重要的角色。第一次世界大战时期的很多无人机都使用木桨，后来才逐渐被铁桨取代，见图 2－4。

图 2－3　碳纤桨

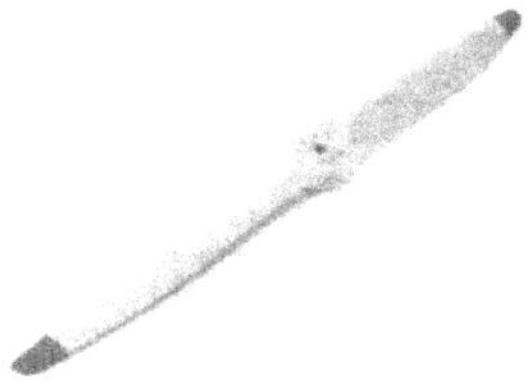

图 2－4　木桨

螺旋桨按照功能的不同分为电动桨和油动桨；按照桨叶的数量可分为二叶桨、三叶桨和多叶桨。二叶桨和三叶桨各有侧重，应用也不同。同样直径下，三叶桨由于桨面积大，拉力比二叶桨大，在穿越机上多使用三叶桨，可以提高无人机的机动性，提高 FPV 体验。常见的螺旋桨是大二叶桨、小三叶桨。

电网有很多高原地区更需要应用无人机巡检，考虑到用户在非常高海拔地区的使用需求，推出了“高原桨”，高海拔的地区之所以需要相应的高原桨，在于海拔越高，空气质量越稀薄，使得桨在相同转速下，所能提供的拉力变小了，从而无法使飞机达到较好机动性能。基于此，高原桨设计必须在电机相同的转速下，其能提供更大的拉力，从而满足高原的使用需求。考虑到高原桨的这种原理，如果在平原地区使用高原桨的话，对无人机也不会有什么影响，也能正常飞行。

b. 螺旋桨的参数。螺旋桨的型号由4位数字表示，如8045、1038等，分别代表桨叶的两个重要参数：桨直径和桨螺距。桨直径是指桨转动所形成的圆的直径，对于二叶桨恰好是两片桨叶长度之和由前两位数字表示，如上面的 80 和 10，单位为 1/10in（1in＝254mm）。桨螺距则代表桨旋转一周前进的距离。桨螺距由后两位数字表示，如上面的45和38。桨直径和桨螺距越大桨能提供的拉（推）力越大。如8045的桨叶，表示桨直径为8in（8×2.54cm＝20.32cm），桨螺距为4.5in。

螺旋桨的选型是与电动机配套进行的。不同的桨叶和电动机（kV值不一样）能够形成不同的动力组合，适合于不同的无人机和应用场景，螺旋桨产生的拉力与其直径的三次方、转速的平方及桨螺距成正比。因此，各项参数对螺旋桨位力的影响顺序为直径最大，转速次之，桨螺距最小，其余参数则更小。大螺旋桨需要用低 kV 值电动机，小螺旋桨就需要高kV值电动机，即“高速电动机配小桨，低速电动机配大桨”。

c. 选用原则。在不超负载的情况下，多旋翼无人机可以更换很多不同的螺旋桨。虽然同样都可以飞起来，但是飞行效果和续航时间却是大相径庭。螺旋桨选得适合，飞行更稳，航拍效果、续航时间都兼得；选得不好，可能效果就相反。

相同的电动机，不同的 kV 值，用的螺旋桨也不一样，每个电动机都会有一个推荐的螺旋桨。相对来说，螺旋桨配得过小，不能发挥最大推力；螺旋桨配得过大，电动机会过热，会使电动机退磁，造成电动机性能的永久下降。

选择螺旋桨时应考虑以下因素：不同材质的螺旋桨，价格和性能差别较大，应根据实际需要，选择最适合的螺旋桨；螺旋桨的型号必须与电动机的型号相匹配，可参考电动机厂家推荐使用的螺旋桨型号。

2）电动系统的组装步骤。M300四旋翼无人机的电动系统组装主要包括电动机与电调的连接、电动机的安装和螺旋桨的安装。

① 电动机与电调的连接。

电调的3根输出线与电动机的3根输入线焊接。

电调的2根输出线与电动机的2根输入线互换可改变电动机的旋转方向。

焊接连接处要牢固、可靠，不能有虚焊，以防止无人机在飞行过程中因为抖动发生意外；线缆长度适宜，合理布线，保证无人机外表美观。所有焊接连接处以及铜线裸露的地方都必须套上热缩管；为方便替换零部件，一般在连接处使用香蕉头连接。

② 电动机的安装。电动机安装的注意事项如下：安装电动机时无人机机头方向的左上和右下为顺时针（CW）电动机，右上和左下为逆时针（CCW）电动机；安装电动

机时使用的螺钉长度要合适，螺钉过长会顶到电动机定子导致烧坏电动机，太短则不能完全把电动机固定锁在机臂上。保证电动机机座与机臂连接牢固，飞行中电动机机臂松动是造成电动机偏转以及炸机的重要原因之一；电动机安装好后要校正水平，电动机不平会使多轴松动，是造成电动机偏转以及炸机的重要原因之一，会导致无人机的稳定性大大降低。

③ 螺旋桨的安装。螺旋桨安装的注意事项如下：螺旋桨一般在飞行前才安装，分清正桨和反桨，螺旋桨如果装反，起飞时由于受力不平衡，无人机必然会倾覆，固定螺旋桨的螺帽一定要锁紧。飞行中由于电动机的高频振动很容易引起螺钉松动造成射桨，射桨不仅可能会造成炸机，也可能会对操作手和其他人员的生命安全造成威胁。

（3）多旋翼无人机飞控系统的组装。飞控系统是无人机完成起飞、空中飞行、执行任务和返场回收等整个飞行过程的核心系统。飞控对于无人机相当于驾驶员对于有人机的作用，是无人机最核心的技术之一，其实现的功能主要有无人机姿态稳定和控制、无人机任务设备管理和应急控制三大类。本节以多旋翼无人机常用的PIXHAWK飞控为例，介绍其基本接口和组装步骤。

1）PIXHAWK 飞控介绍。PIXHAWK 飞控是一款基于 32 位 ARM 芯片的开源飞控，其前身是 APM，由 ETH 的 Computer Vision and Geometry Group 的 Lorenz Meier 开发。最初采用的是分体式的设计，即 PX4。PX4 系列可以单独使用 PX4FMU，但是接线很复杂，也可以配合输入/输出接口板 PX4I/O 来使用，但是因为没有统一的外壳，不好固定，再加上使用复杂，所以基本上属于一代实验版本。之后通过 PX4 系列的经验，厂商简化了结构。把 PX4FMU 和 PX4I/O 整合到一块板子上，并加上了骨状外壳，优化了硬件和走线之后合并成一个整体形成现在的 PIXHAWK。

2）PXHAWK 飞控的组装步骤。

减振座的安装：把减振球安装在减振板上。使用 3M 胶把减振座固定在沉金板重心位置上。

飞控的安装：使用 3M 胶将飞控固定在减振座上。确保飞控上的飞行方向箭头指向无人机机头方向。为方便拆卸，不要整个飞控板都粘上 3M 胶，一般在飞控的 4 个角粘上 3M 胶。

蜂鸣器的安装：将蜂鸣器使用 3M 胶固定在机臂上；将蜂鸣器的接线插到飞控的 BUZZER 插口上。

安全开关的安装：将安全开关固定在机架上。将安全开关的接线插到飞控 SWITCH

插口上。

电调杜邦线的安装：杜邦线按照电动机编号顺序分别插在飞控 MAINOUT 的对应编号插口上。插线时注意负极在上，信号线线在下。布线要合理，不能相互干扰。

（4）多旋翼无人机遥控装置的组装。

1）常见遥控器介绍。遥控器种类繁多，遥控接收也有多种类型。目前的遥控器功能越来越强大，在市面上的遥控器比较常见的有乐迪、Futaba、睿思凯、天地飞和富斯等。

下面以乐迪 AT9 为例进行介绍。乐迪 AT9 遥控器可遥控直升机、周定翼、滑翔机和多旋翼四大类无人机通信系统采用抗干扰能力较强的 DSSS（直接序列扩频系统），功能全面且人性化的菜单设计对初学者与熟练者均适用。

2）遥控装置的组装步骤。

① 接收机的安装。使用泡沫双面胶将接收机安装在沉金板或者机臂上。

接收机是由精密的电子部件组成，应避免剧烈的振动并使其远离高温。为了更好地保护接收机，可以使用泡沫或其他吸振材料将其缠绕起来。将接收机放在塑料袋中并用橡皮筋将其扎紧是很好的防水方法。如果不小心有水分或燃料进入接收机，可能会导致间断性失控甚至坠毁。

② 接收机与飞控接线。在 S-BUS 情况下，用一根杜邦线连接接收机的 S-BUS 插口，另一端连接飞控的 RC 插口。

③ 遥控器电池的安装。将电池插头完全插入遥控器的最底部，当需要断开连接时，不要拉扯电线，而应该握住塑料连接头将其拔下。

④ 接收机天线的安装。一般情况下接收机的天线比较长，安装时不要折断或者将其缩进去，否则将缩短可控制的范围；接收机的天线应尽可能远离金属物，在飞行之前应执行飞行范围检测。

尽量保证天线笔直，否则将会减小控制范围。无人机上可能会存在影响信号发射的金属部件，在这种情况下，天线应处于无人机的两侧，这样在任何飞行姿态下都能保证拥有最佳的信号状态。天线应该尽可能远离金属导体和碳纤维，至少要有半英寸的距离，但不能过度弯曲。尽可能保持天线远离电动机、电调和其他可能的干扰源。

⑤ 发射机天线的安装。发射机的天线是可调整的，要确保飞行过程中天线不要直接对着无人机，这可能会减弱接收机信号强度。

保持天线垂直于发射机的表面，能使接收机收到最佳的接收信号，这也取决于如何握持发射机。但是在大多数情况下，调整发射机的天线至垂直于发射机的表面将会有更好的发射和接收效果。可根据握持发射机的方式调整发射机的天线。在飞行过程中不要握在天线这样会削弱发射机的信号。

（5）无线图传设备的组装。

1）图传介绍。无线图像传输系统简称无线图传，是用作无线图像传输和视频实时传输的设备。发机图像传输系统就是将天空中处于飞行状态的无人机所拍摄的断面实时稳定地传输给图传遥控接收设备。图像传输的实时性、稳定性是关键。其主要由图像采集端，照端、图像接收端和图像显示端组成。

2）图传结构。

① 图像采集端。图像采集端是指在无人机端用来采集图像的设备、如摄像头、运动相机和单反相机等。

a. 摄像头。摄像头是指不带存储功能、不带电源的模拟摄像头，它具有结构简单、重量轻、体积小、功率低等优点；缺点是只能传输实时图像用于显示，不能拍摄照片和录制视频。不过可以通过接收端的录制功能录制传输后的图像和视频。但是图像和视频质量较差。因为非摄像头的原始数据和无线传输设备限制了图像质量。

小型摄像头主要用于穿越机 FPV 行。FPV（First Person View）即“第一人称主视角”。是一种基于遥控无人机或者无人车上加装无线摄像的回传设备。在地面看屏幕操控设备的新玩法。FPV 飞行的特点是操纵者不用实时看着无人机，可在幕后操纵无人机、以便于无人机能独立在较高、较远或环境恶劣的地方完成任务，也可以通过观看显示屏幕操纵无人机在赛道上竞速飞行。竞速飞行能给操纵者带来强烈的视觉冲击感及操纵感，为了得到更好的飞行体验需要更久的飞行时间、更及时的图像传输（无延迟）和更快的飞行速度，所以需要减轻无人机的重量，采用重量轻、不带存储功能的模拟摄像头。

b. 运动相机。运动相机为运动而生，应用于徒步、攀岩、骑行、滑翔和滑雪等运动环境下拍摄，也可应用于普通家用拍摄或监控等。运动相机是一款数码相机，功能齐全，能拍摄相片，录制视频，自身有存储功能，自带电源，可独立工作，多用于商业级无人机的航拍。通常情况下，为了得到更优的画质和更佳的拍摄角度，将云台配合运动相机使用过程中可传输数字视频信号也可传输模拟信号，根据图传装置来决定，配置高的运动相机配有远程操控模块，可通过无人机遥控器控制相机拍照及录像。

c. 单反相机。单反相机可应用在专业的航拍机上。它的拍摄效果不是运动相机可比的。但由于单反相机的重量重、价格昂贵和对拍摄者的水平要求较高等因素，对无人机的动力配制，机架的尺寸，机架的刚性，飞行控制的可靠性、稳定性，操纵者的水平都有较高的要求。

② 图像发射端。图像发射端是指无线图像传输设备的发射设备，包括发射器和天线。通常安装在无人机飞行平台上，随无人机飞行，配合摄像头或相机使用。图像发射端的选用原则如下。

图传类型选择：图传分模拟图传和数字图传。模拟图传延迟小，画质清晰度一般：数字图传画面清晰度高，画面延迟较大。

频道选择：5.8GHz 是国家开放的业余频段，目前在 5.8GHz 工作的设备很少，这个频段相对比较纯静，干扰较少；但频率越高电子元器件的造价越高，对天线等精度要求更高，更容易发热，对靠近发射机的导磁体比低频更敏感，做大功率发射更困难。无人机的图传普遍使用这种频段。

频率的选定：同频段的图传在使用过程中很容易受到干扰，甚至出现串频（显示了别人的画面）。前频率有干扰时可以选择其他频率、通常发射机都有多种频率可供选择。常用的发射机发 32 个频道或 40 个频道甚至更多，其更换频道的方法一般有两种，分别是拨码开关更换和按钮更换。按钮更换一般带有数码管显示。

功率大小：图像发射端功率从由几十毫瓦到几百毫瓦，功率大的能达到瓦级别，有些发射机为满是更多要求，采用功率可调的形式。通常功率越大传输距离越远，信号越稳定，但同时发热也更大，耗电量也更大。小功率发射机发热少，使用导热金属片散热，甚至无散热；大功率发射机使用导热金属片加散热风扇散热。影响传输距商的因素有很多，如发射机功率、发射机质量、天线类型、天线质量和空间有无阻挡等，其中功率占主要因素。

③ 图像接收端。图像接收端是指无线图像传输设备在地面的接收器，包括接收机和天线两部分、通常直接和显示器连接。

图像接收端的选配原则如下：接收端和发射端如果是成套购买的，需要根据发射要求类型购买，如模拟发射机配模拟接收机。接收机通常都带有多个频率可以搜索，常用的接收机有 8 个频道，传输信号类型一样的情况下只要频率一样就可以接收到图像信号。有些显示屏带接收机，可以直接使用。

④ 图像显示端。图像显示端是指在地面的显示器，和接收机配套使用，通常包括三脚架、显示屏和电池等。根据传输信号类型选择显示屏类型，如模拟信号和和数字信号。图像显示端的选配原则如下：根据使用习惯选用 FPV 显示屏，或选用视频眼镜。

根据是否带接收机来选择是否含接收机的显示屏，如果是带接收机的显示屏，还要选择天线的类型。根据信号类型选择模拟信号显示屏（如莲花头接口、雪花屏）数字信号屏（如带间 HDMI 接口）。

⑤ 天线。天线是指安装在发射机上用来发射信号，安装在接收机上用来接收信号的装置。一般有全向天线、蘑菇头天线、八木天线、抛物面天线和平板状天线等。

a. 全向天线。全向天线是比较常用的一种形式，在无线电专业里常称为鞭状天线。虽然叫全向天线，其实还是有局限性的，它就像一根灯管，垂直放置时，其发射范围是在水平方向上向周围散射，在 360° 范围内都有均匀的场强分布。水平放置时，假如天线是东西方向放置，场强分布是包括天空在内的南北方向，以及天线到地面的南北方向空间范围内分布。因此垂直天线主要针对水平方向的目标，水平天线主要针对垂直高度上的目标和窄范围内的水平目标通常可以用两根全向天线垂直安放，以增强接收信号强度。

b. 蘑菇头天线。薯菇头天线内部就是三叶草或四叶草天线，通常三叶草天线用在发射上，四叶草天线用在接收机上。这种天线的特性和平板状天线的特性刚好相反，如果它原本是直的，那么它的特性就和棒子天线是一样的；但是如果它被掰弯了，掰的每个方向对于它来说都是一样的，不存在指向性。

c. 八木天线。八木天线即定向传输天线。八木天线由比关线稍短的引向器、比天线稍长的反射器、中间安装天线的结构构成。八木天线的场强主要集中在引向器一侧，反射器将天线发出的信号反射回引向器方向，使场强增强，同时有屏蔽后方干扰的作用。八木天线在垂直安装时，上下的场强分布角与全向天线差不多，在水平方向上场强分布角与引向器的多少有关，引向器越多夹角越小，方向性越强，夹角内的场强越高。一般常见引向器 3～5 支，再多效果也不明显。其主要特点是在有效范围内场强分布均匀，方向性好，干扰能力强。

d. 抛物面天线。抛物面天线场强分布有两部分，类似于手电光，一部分是灯泡直接射出的散射光，另一部分也是主要部分，是反射器反射形成的直射光。所以抛物面天线的效率是最高的，但方向性也是最强的，最常见是用在固定点对点的微波通信。如果用在无人机上的通信，必须装在高精度跟踪云台上。另外，抛物面天线对组装精度要求也很高。

e. 平板状天线。平板状天线特性和八木天线基本相同。好的平板状天线结构较复杂，但体积小，轻便且安装简单，是野外 FPV 的首选天线，有较强的定向性，需配合跟踪云台使用。

3）图传的组装步骤。图传的组装一般分硬件的组装和线路的连接两大部分。

① 硬件的组装。

摄像头的安装：穿越机一般安装在前方或上方，注意做好保护措施，保护摄像头。

图传发射机的安装：通常用双面海绵胶粘在机架内部，将天线引出至外部。

② 线路的连接。根据无人机安装布局将电线裁剪好长度并制作好接头，图传和摄像头品牌多种多样，但接线原理基本一致，根据电路图将线路接好。摄像头一般至少有3 根线，分别是电源正、接地线、视频输出线，接线时要看清电源电压，将电源接好。图传发射机线路主要分两部分，即图传电源输入和摄像头视频信号输入，有些图传发射机还带有电源输出（供摄像头用），还有些图传发射机有音频输入线，可以根据实际情况进行连接。一般情况下穿越机用的摄像头不带麦克风，所以没有音频线输出，因此图传发射机不用接音频线，可将此线悬空，或剪掉不要。总而言之，根据厂家说明书按电路图将线路依次接好即可。

③ 注意事项。确认图传电压和摄像头电压分别是多少，如果都在同样的范围可以共用电源、如果图传电压是 12V，摄像头电压是 5V，此时要注意单独给摄像头供 5V 电源可考虑从分电板接电。要注意发射机的最佳安装位置，避免产生干扰。GPS、遥控接收机分开安装、图传天线尽量靠近机身尾部。如果图传发射机是双天线的，尽量让两根天线垂直，以扩大发射方向。穿越机上的图传要注意保护好，尽量安装在机身内部，避免炸坏。图传的接线为插头连接时，要注意是否有松动、如有，则要采取紧固措施、如打热熔胶。

3. 云台的组装

云台又称增稳云台，是指安装、固定摄像机的支撑设备。云台主要有以下两大作用：防止拍摄画面抖动。航拍云台通过传感器感知机身的动作通过电动机驱动让相机保持原来的位置，抵消机身晃动或者振动的影响。可遥控控制云台转动角度，改变拍摄角度。通过配置好的遥控器通道控制两轴或三轴云台平缓地动作达到所需的角度。

云台的功能主要是稳定平台，对于任务设备来说十分重要。当无人机在高空飞行时拍摄角度轻微的误差在实际中就相差甚远云台主要考察几个性能增稳精度、兼容性（一款云台能适配几款相机和镜头）和转动范围（分为俯仰、横滚和偏航三个轴）。如果遇到变焦相机，就更加考验云台的增稳精度了，因为经过长距离的变焦，点点轻微的振动都会让画面抖动得很厉害。市面上无人机云台主要由无刷电动机驱动、在偏航、横滚、俯仰三个轴向对相机进行增稳，可搭载的摄影器材从小摄像头到运动相机，再到微单相机，甚至全画幅单反相机以及专业级电影机都可以。摄影器材越大云台就越大，相应的机架也就越大，见图 2-5。

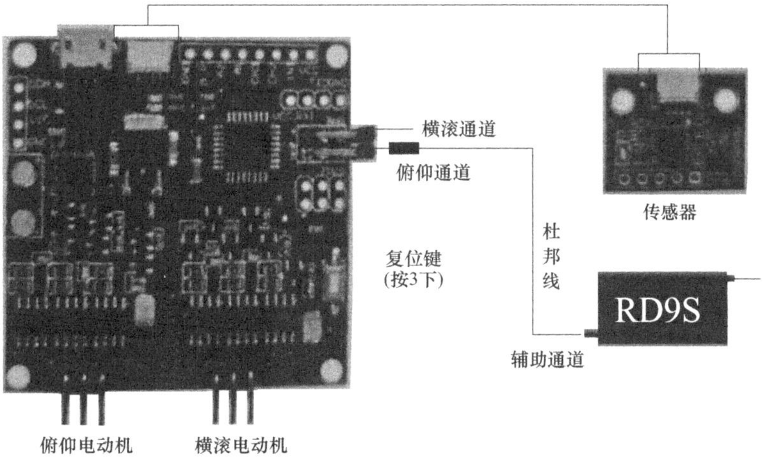

图 2-5　云台功能

（1）云台分类。

1）按驱动方式分。按驱动方式分为固定云台和电动云台。

① 固定云台。是将相机与无人机固定在一起，运用提前调整好的角度来拍照，通过调整无人机的角度来调整航拍时的视角，固定云台优点是能够降低成本、减轻省电、从而提高飞行时间；其缺点即无法抵消抖动、航拍质量较低。

② 电动云台。主要是指其动方向是电动驱动的，是相对固定运动而言的，其工作是通过控制板控制、检测相机当前姿态，并进行姿态补偿，可以拍摄出较好的画质，也可拍摄更多视角；其缺点是重量重、增加无人机的耗电量。

2）按驱动轴数分。按驱动轴数分为两轴云台和三轴云台。

两轴云台是指在横滚方向、俯仰方向两个方向控制的云台，也就是两个自由度。

三轴云台是指除横滚方向、俯仰方向外，偏航方向也能得到相制，总共有 3 个自由度，这样控制的转向角度更大。

3）按执行机构分。按执行机构分为舵机驱动、步进电动机驱动和直流无刷电动机驱动等。

① 舵机驱动。指其驱动方式采用舵机驱动。一般该控制方式无云台通过飞控控制，其结构简单，质量小、体积小，驱动力矩大，但对比电动机转动不够平稳，控制板微抖动，启动和停止时较生硬。

② 步进电动机驱动。指其驱动方式采用步进电动机，该控制方式较复杂，体积相对较大。能精准地控制转动角度，相同质量情况下力矩过小。

③ 直流无刷电动机驱动。指其驱动方式采用直流无刷电动机，是目前最常用的动方式，采用云台控制板驱动，转动平稳，相同质量的情况下力矩较大，无噪声。

（2）云台组成。云台一般由云台挂载部分、控制部分和执行部分组成。挂载部分是指云台和无人机的连接板、道常用碳纤维板或玻璃纤维板通过减振球连接。控制部分是指通过陀螺仪等传感器检测姿态后控制云台进行姿态补偿的控制板，一般分为两轴控制板和三轴控制板。执行部分是指控制板控制的直流无刷电动机、伺服舵机或步进电动机。两轴云台有两个电动机或舵机，三轴云台有三个电动机或舵机。

（3）云台的组装步骤。由于云台结构比较简单，通常都是成套购买，所以安装主要是云台和无人机之间的安装，通常的安装方法有螺纹连接、挂载板连接等。

云台线路的连接，根据电路图依次连接云台电源线、信号线和控制线；遥控器通道的配制；运动相机的安装；通电试机。

安装注意事项：看清云台电源电压、正负极，切勿接错。

传感器通常在相机座底部，注意传感器信号线不要缠绕，保护好线路。通电前务必装好相机，在带有负载的情况下通电。

调整相机安装位置时要尽量使相机在自然状态下保持平衡。

（4）调参软件。调参软件使用说明电动云台通常分为免调试版和调试版，不同品牌的云台调试界面不一致，下面以集云台的调参软件为例进行介绍。

1）调参软件介绍。调参软件介绍该无刷云台控制器采用双处理器方案，分为云台主控处理器和云台电动机驱动处理器。

2）云台主控调参界面。将附带的 USB 模块连接至云台主控调参接口，并将 USB 模块连接至计算机，双击打开处理ZYX-BMGC.exe 文件后运 ZYX-BMGC 调参软件。

打开端口。单击端口选择的下拉列表框，选择 USB 模块对应的端口号，然后单击“打开端口”按钮，成功打开端口后，再给云台通电，电压应保证云台正常工作。

云台主控模块连接状态。等待云台主控模块初始化成功后，软件界面状态提示栏显示“软件界面参数已更新”，表明云台主控模块已经成功连接，这时用手拨动云台任意轴，软件中三维模型显示界面即会显示当前摄像设备的姿态角度。为了方便用户配置参数，云台主控模块连接成功后会自动设置为“电动机停止”模式。

传感器模块安装方式。在软件的“传感器模块安装方式”中选择对应的安装方式，然后观察“三维模型显示”界面中相机模型是否能够正确反映云台上摄像设备的真实运动。

选择接收机类型。将接收机连接至对应接口。选择对应的接收机类型，当接收机类型改变时，软件会弹出提示消息，请根据提示文字先单击“烧写参数至 Flash”按钮，然后将云台重新通电，使接收机类型生效。

DSM2/DSMJ/DSMX 接收机类型说明如下。

DSM2－1：发射机为 DX7 等（使用 6、7 通道接收机对频）。

DSM2－2：发射机为 DX8、DSX9 等（使用 6、7 通道接收机对频）。

DSM2－3：发射机为 DX8、DSX9 等（使用 9 通道接收机对频）。

DSM2－4：发射机使用 DM8、DM9 高频头（使用 6、7 通道接收机对频）。

DSMJ：发射机为 DSMJ 制式（使用配套接收机对频）。

DSMX－1：发射机为 DX8 等 11ms 模式（使用配套接收机对频）。

DSMX－2：发射机为 DX8 等 22ms 模式（使用配套接收机对频）。

摇杆监视。当选择完接收机类型并重新通电之后，打开遥控器、驱动摇杆，可以从摇杆监视界面观察对应的摇杆变化如下：

R：滚转摇杆输入量。

T：俯仰摇杆输入量。

S：拍照输入量。

C：摇杆速率模式和位置模式输入量。当使用 S-BUS 接收机、DSM2/DSMJ/DSMX 接收机时，自动选择发射机的第 5 通道为模式切换通道。Mode1：摇杆速率模式；Mode2：摇杆位置模式。

角度限制：用户可以根据需要对云台的滚转和俯仰的转动角度进行限制，滚转度限制的范围为－45°～+45°，俯仰角度限制的范围为－135°～+90°。

注意：当云台的角度超过角度限制范围后，云台将自动关闭电动机输出以保护云台摄像设备，调试时建议先设置小的角度范围以保证安全。

电动机方向根据电动机的转向进行选择。

初始俯仰角度为“摇杆速率”模式下云台上电后的初始角度。

电动机开关模式用于调试云台参数时关闭电动机输出信号或开启电动机输出信号，以保护云台和摄像设备。

“电动机停止”模式：关闭电动机信号。

“电动机启动”模式：输出电动机信号，并且开启姿态感应反馈，此时云台有增稳效果。

注意：仅当电动机开关模式位于“电动机停止”模式时，才能设置传感器模块的安装方式；当电动机开关模式位于“电动机启动”模式时，有两种情况可能会使云台自动关闭电动机输出，第一种情况：某一轴的总感度为零或者其他 3 个感度都为 0；第二种情况：摄像设备当前姿态超出角度限制的范围。如需重新开启电动机输出，应调整感度参数后将摄像设备拨回到水平位置，并检查传感器模块安装方向是否正确。

PID 参数调整，感度参数范围是 0～500，基本规则为总感度不能为 0，速度感度和累积感度不能同时为 0。如果违反上述规则会关闭电动机输出以保护云台及摄像设备。在同样负载的情况下，当电动机功率增大后必须减小 PID 感度；相反地，电动机功率减小后可以适当增大 PID 感度。因此在电动机功率足够的情况下尽量减小电动机功率可得到较大的 PID 感度，进而得到更好的增稳效果。但电动机功率减小会降低云台抗扰动的能力。

加速感度调整：首先将总感度设置为合适的数值（如 100），并将速度感度和累积感度调整为最小值（如 1）。其次由小到大逐步调节加速感度，直到云台出现高频抖动，此感度为其最大加速感度。最后将加速感度减小 20%作为最终的加速感度。

速度感度调整：首先由小到大调节速度感度，直到云台出现抖动，此感度为其最大速度感度。其次将速度感度减小 2 以作为最终的速度感度。

累积感度调整：先由小到大调节累积感度，直至云台出现抖动，此感度为其最大累积感度。其次将累积感度减小 20%作为最终的累积感度。

感度细微调整：在完成上连步骤之后可以适当地微调各感度并查看增稳效果，使云台达到满意的效果。

改写参数至 Flash，在完成调试后，单击“烧写参数至云台的 Flash”按钮，以确保参数烧写至云台的 Flash 中，云台下次通电时将自动从 Flash 中加载该组参数。

云台电动机驱动调参界面说明：将附带的 USB 模块连接至云台电动机驱动调参接口，并将 USB 模块连接至计算机，双击打开 ZYX-BMGC.exe 文件、运行 ZYX-BMGC 调参软件，单出“电动机配置”弹出电动机配置界面。

打开端口。单击端口号选择的下拉列表框，选择 USB 模块对应的端口号，然后单击“打开端口按钮”。成功打开端口后，再给云台通电，电压应保证云台正常工作。

电动机驱动模块连接状态。等待电动机驱动模块初始化成功后，软件界面状态提示栏显示“软件界面参数已更新”，表明电动机驱动模块已经成功连接，同时更新电动机参数并显示电压和电流。

设置电动机极数。电动机极数是电动机的磁极数目，该参数会影响电动机的减速比和最高转速，通常情况下可以设置为与电动机实际极数一致，如果为了达到某种性能，可以适当调节此参数与实际电动机极数不一致。

调整电动机功率。电动机功率范围为0～100%，根据负载情况进行调整。在同样负载的情况下，当电动机功率增大后必须减小PID感度；相反，电动机功率减小后可以适当增大 PID 感度。因此在电动机功率足够的情况下尽量减小电动机功率可得到较大的PID感度，进而得到更好的增稳效果。但电动机功率减小会降低云台抗扰动的能力。

信号监视。显示云台的供电电压及工作电流。电压值显示会比供电电压小0.3V左右。

烧写参数至Flash。在完成调试后，单击“烧写参数至Flash”按钮，以确保参数烧写至云台的Flash中，云台下次通电时将自动从Flash中加载该组参数。

固件升级：由于无刷云台控制器采用双处理器协同工作的方案，分为云台主控处理器和云台电动机驱动处理器、因此会有对应不同处理器的升级文件。升级前应确保硬件接口连接正确升级文件选择正确。

云台主控固件升级：先将USB模块连接至云台主控调参接口，然后在主界面下选择对应的端口号单击打开主控固件按钮，选择要升级的固件文件。打开固件文件成功后，单击“开始升级”按钮然后将云台通电，等待升级进度条，最后完成固件升级。当完成固件升级后，单击“打开端口”按钮。成功连接后，会显示当前升级完成的主控固件版本。

电动机驱动固件升级：先将USB模块连接至云台电动机驱动调参接口，然后在电动机配置界面下选择对应的端口号，单击“打开固件文件”按钮，选择要升级的固件文件。打开固件文件成功后，单击“开始升级”按钮，然后将云台通电，等待升级进度条，最后完成固件升级。当完成固件升级后，单击“打开端口”按钮。成功连接后，会显示当前升级完成的电动机驱动固件版本。

4. 多旋翼无人机的调试

将机架、飞控系统、动力系统和通信系统等多旋翼无人机硬件组装后，为了实现无人机的良好飞行及功能要求，必须进行合理的调试。调试工作关系着行性能及安全，一般来说，多旋翼无人机的硬件结构相比无人直升机和固定翼无人机来说较为简单。在一些工业级无人机中也存在较复杂的结构，如装有自动收放脚架，折叠机臂、喷洒装置等的机型，会需要进行机械结构的调试。因为多旋翼机械结构的调试一般根据产品说明书的要求进行即可，在此不展开介绍。本章只要针对四旋翼无人机调试中应用最为广泛的软件调试内容进行介绍，主要包括飞控调试、遥控器、遥控接收机调试及动力系统调试等内容。

无桨调试与有桨调试。根据调试过程中是否需要安装螺旋桨，可分为无桨调试和有桨调试。假设一款标有 2204kV2400 的直流无刷电动机，接在 12V 电源上，那么此时电动机的空载转速约为 $2400\times12=28\ 800$r/min，这还仅仅是电动机的转速，如果再装上桨叶，那么桨叶边缘的线速度将更高，所以非常危险。为了降低在调试时发生危险，应先将不需要装桨叶就能调试的内容调试完，再进行必须安装桨叶才能完成的调试内容。

（1）无桨调试的主要内容。连接所有线路、接通电源，进行首次通电测试，检查飞控、电调、电动机和接收机是否正常通电，检查是否出现短路或断路现象。

检查遥控器，进行对频及相关设置，确认遥控器发出的各个通道信号能准确地被接收机接收到并能传送给飞控。

将飞控连接到计算机，用调试软件（地面站）对飞控进行调试，如烧写固件、设置接收机模式、遥控器校准、电调校准、加速度计校准、陀螺仪校准、设置飞行保护措施、设置飞行模式、通道设置和解锁方式等。

接通电源用遥控器解锁飞控，推动油门检查四个电动机的转向是否正确，如果不正确则通过调换电动机任意两根电源线来更换转向。

确认以上内容都调试完毕并能通过遥控器解锁无人机操作遥控器各个通道，观察无人机都有相应的反应，此时即完成了无人机的无桨调试。

（2）有桨调试的主要内容。有桨调试必须装桨试飞才能完成根据试飞出现的问题进行调试。在有桨调试时，无人机已经装好螺旋桨，并会产生高速旋转，为确保人身和设备的安全。在飞行前要进行以下一系列的检查：根据电动机转向正确安装螺旋桨；将无人机放在安全防护网内试飞。或通过捆绑的方式限制无人机、无人机第一次试飞可能会出现的各种意外情况，通过防护网捆绑可以有效保护人员和设备的安全；飞行测试，通过飞行状态检验无人机是否正常，具体如下。

先打开遥控器电源，再接通无人机电源；将无人机解锁。根据之前调试所设定的解锁方式进行解锁，解锁后油门保持能使螺旋桨旋转的最低位置。

起飞检查：缓慢推动油门、起飞。在推动油门时不要动其他摇杆。当无人机开始离地时观察无人机的飞行姿态，然后操控遥控器以相反的方向使无人机能平稳地飞起来，理论上只推油门不做其他任何操作无人机就能垂直起飞。但实际上由于硬件或软件上的各种原因会导致无人机跑偏。如果一起飞就大幅度跑偏或翻倒，立刻将油门拉到最低，将无人机上锁，再关掉无人机电源，检查问题所在，通常是线路问题或遥控器通道反相问题。

基本功能检查，当无人机起飞后，依次缓慢操作其他摇杆（副翼、偏航、升降和飞行模式等），观察遥控器各通道正反相是否正确、各通道是否对应无人机的动作，检验飞行模式是否正确并能正常切换。

飞行性能检查。检查起飞和降落是否平稳。4 个基本动作（前进、左右、上下、旋转）角度是否正常、动作是否平稳、动作是否有振动、摇杆回中后无人机回中的响应情况是否及时，此类问题大部分通过地面站调试和 PID 参数调试解决。各种飞控地面站不相同，调试方法也不相同，但基本思路一致。

5. 调试步骤

电动多旋翼无人机调试内容主要为软件部分的调试，包括飞控调试、遥控器和接收机调试、动力系统调试等。其中，飞控调试又包括飞控固件的烧写、各种传感器校准和飞控相关参数的设置等；运控器和接收机调试包括对码操作、遥控模式设置、通道配置、接收机模式选择、模型选择和机型选择、舵机行程量设置、中立微调和微调步阶量设置、舵机相位设置、舵量显示操作教练功能设置和可编混控设置等；动力系统调试主要是电调调参等内容。

6. 无人机检测与检修

（1）无人机飞行功能类检测。

1）自检功能。自检功能是为了使无人机系统在执行巡检前飞机具备执行任务状态，确保系统在执行任务过程中的安全，通过机身声、光报警，以及遥控器，控制软件 App 提示等功能帮助操作人员在出现无人机故障时快速定位。主要包含机身指示灯闪烁提示、机身电机鸣响提示、遥控器报警提示、软件 App 信息及声音提示等。

2）飞行基本功能。飞行模式：无人机系统需要具备基本的自主飞行、半自主飞行、手动飞行模式。自主飞行模式是为满足在作业人员视线范围以外仍能借助任务载荷完成巡视任务。半自主飞行功能主要为了避免 GPS 信号差造成的飞行事故；手动飞行功能是突发情况（飞控故障）的应急措施；多种飞行模式可以保障无人机在不同环境和场合下均可执行巡检任务；切换时飞行状态和飞行姿态不发生明显变化，防止出现事故。

自主起降：是无人机根据航线和起降坐标点设定，自主进行起飞和降落操作。手动起降是指由飞控人员通过遥控器进行无人机的起降操作。自主飞行模式可降低无人机起降的复杂程度，增加系统的易用性。手动起降为了保证系统的可靠性和适应复杂环境下的起降。

定点悬停：是指多旋翼无人机在携带正常载荷的情况下，在特定点进行悬停。根据电力行业标准 DL/T 1578《架空电力线路多旋翼无人机巡检系统》对多旋翼无人机控制精度和定位精度提出了相应的指标，搭载任务载荷条件下飞行控制水平精度≤1.5m，控制垂直精度≤2m。

航迹保持：是指无人机能以自主飞行模式按照指定飞行轨迹的预设航点平稳飞行。航迹保持功能可以保证无人机按设定的航迹执行巡检任务；对飞行航迹的三维精度进行检测，有助于对外方位元素的精确计算，从而提高被拍摄目标的位置精度。

机头重定向：是指多旋翼无人机在飞行过程中能以任意悬臂作为机头，实现无缝切换。机头重定向可以保障无论无人机机头指向何方，无人机均能按照操控方向飞行。

返航：包含自动返航及失控返航等功能，是无人机在接收到返航指令或出现失联等情况时能够依照已有的规则自主将飞行器返回起飞点或指定位置的功能。该功能主要用于确保无人机在遭遇意外状况时可以收回。

3）续航能力。续航能力是指无人机在额定载荷的情况下的连续工作时间，现市场上普通多旋翼类型无人机一般为20min 左右，部分特殊机型 30min 以上。固定翼电动无人机载荷续航时间在 1h 左右，具体续航测试标准以企业招标协议标准为准。巡航时间是保障无人机系统有足够长的工作时间完成巡检任务的基础。

4）测控距离。测控距离检测用以测定无人机和地面测控设备的正常通信距离，包括遥控和遥测信号，以及实时回传的图像质量。测控有效距离由用户与无人机设备提供商按照相关测试标准进行约定确认。

系统具备遥控功能可确保无人机在飞行状态中根据实时状况对其进行相应的控制，遥测功能是为了保障无人机操作人员可实时的获取无人机和载荷的工作状态。

系统具备可见光视频、红外视频或载荷数据信号全向、实时传输功能，是为了保障无人机操作人员实时的了解系统的巡检状态。

5）飞行性能。主要包含无人机在飞行过程中所能达到的性能指标，如最大飞行速度，抗风等级，悬停精度，飞行轨迹稳定性等。测试无人机是否能够满足技术参数中的各项飞行性能，企业与无人机供应商需选择合适场地，设计适当的飞行测试操作流程，以检验飞行器性能。

6）飞行安全策略功能。飞行安全策略是指无人机在启动一键返航或遥控信号中断的情况下按事先设定航迹返航。飞行安全策略是为了保障无人机巡检系统在遇到突发状况或系统工作异常时，可以执行相应策略保证系统和人员安全。

一键返航测试是测试无人机系统在切换到一键返航的模式下，是否能按照事先设定的安全飞行策略进行飞行。在系统自检后，无人机正常放飞，在无人机飞行途中启动一键返航，根据无人机飞行状态和降落情况判定无人机的安全策略执行情况。

链路中断测试是测试无人机系统在链路中断的情况下，是否能按照事先设定的安全飞行策略进行飞行。在系统自检后，无人机正常放飞，在无人机飞行途中将地面电台断开，并确保链路中断，根据无人机飞行状态和降落情况判定无人机的安全策略执行情况。

（2）无人机外观及完整性质量检测。对无人机系统外观质量的检查，保障无人机系统的完整性，同时保障无人机系统的巡检安全。包含对无人机机体检查及随机配备的各类配件完整性进行检查，主要包含：

1）尺寸特性检测。外形尺寸关系到无人机及其设备配件是否符合安装及外挂应用的可行性问题，需检测组件长、宽、高是否符合标准要求，需精确到mm级别。

2）重量特性检测。重量关系到无人机飞行能力以及挂载、配重应用的可行性问题。对无人机重量检测需精确到0.1kg级，要求通过多次测量求均值进行检测。

3）表面特性检测。表面特性包括外观形状与颜色、喷涂与损伤、气密性、接插件连接性和标识等方面，关系到应用的安全性和便利性。按照无人机标准进行核对检查，确保其准确。

（3）无人机电气性能检测。无人机机体及电池需要进行电气相关性能测试，主要“电气连接与绝缘”“放电检测”“安全检测”等以及电池充电检测、短路检测、加热检测和挤压检测等。

绝缘电阻检验，主要检验无人机外壳绝缘性能，避免无人机运行过程中出现漏电现象。常规检测方法电源开关接通的情况下，在电源引入端与外壳裸露金属部件之间，施加500V直流电压稳定5s后，测量绝缘电阻。如外壳无导电件，则设备的外壳包一层金属导体，测量金属导体与电源引入端之间的绝缘电阻。绝缘电阻测量值应≥5MΩ。

抗电强度检验，主要检验无人机外壳及电源端所能承受的抗电强度。确保无人机在外部电气环境下不会出现击穿等情况。常规检测方法是电源引入端与外壳裸露金属部件之间应能承受相关标准中所规定的交流电压的抗电强度试验，历时 1min，应无击穿和飞弧现象。

电池性能检测，主要测试电池充放电情况，确认电池容量，释放电流等是否满足正常作业标准要求。

（4）一般环境适应性能检测。一般环境适应性能检测属于无人机系统通用检测内容之一，无人机系统环境适应性检测用于保证多旋翼无人机系统在存储、运输和飞行过程中的安全。包括高低温存储试验和高低温工作试验。

抗热能力检验：参考现有的技术检测标准，无人机在正常工作一定时间后，检测无人机各模块区域的温度发热情况，核实其温度是否符合技术规定要求。

低温检验：按照已有标准，将无人机放入环境试验箱中，温度（-25 ± 2）℃，试验时间 16h。试验结束后在标准大气条件下恢复 2h，无人机应能正常工作。

振动检验：按照已有测试标准，将无人机在非工作状态，无包装情况下，进行振动检测，按照已有标准设置振动频率，交越频率、振幅等参数，无人机在测试规定时间后，外观无明显损伤，且能正常进行工作。

（5）无人机挂载设备检测。无人机需要搭配相应挂载设备实现实际任务作业，其相关任务载荷也需要进行设备外观、功能及电气相关的性能检测，最终需要搭配无人机进行飞行任务实际操作检测。挂载设备按照其技术参数特点，需要进行针对性检测。如云台相机需要进行外观检测、相机功能检测、电气性能检测等，确保云台相机可以在无人机设备上正常实现拍照、摄像及顺畅的变换视角，满足企业作业任务需求。

（6）无人机周期性维保要求。无人机作为一种比较精密电子机械设备，拥有众多的电子器件与机械结构，要想保证其正常飞行和使用寿命，除了要保证按照规范正常操作使用外，还需要经常对无人机进行维护保养。

无人机维修具体周期性维护保养主要分为四个等级，不同保养等级时间周期依次增加，保养维护复杂程度也依次增加，具体的维护保养周期见表 2－1。

表 2－1　维护保养

保养级别	保养周期	保养内容
日常保养	每 50 个起落/20h/2 个月	外观检查＋基础校准＋外观清洁
一级保养	200h/6 个月	基础检查＋升级校准＋深度清洁
二级保养	400h/12 个月	基础检测＋升级校准＋深度清洁＋易损件更换
三级保养	600h/18 个月	基础检测＋升级校准＋深度清洁＋易损件更换＋电机更换

日常保养：定期对无人机设备外观及其日常使用基本功能进行检查校准等操作，由无人机操作手及飞行任务团队负责进行保养维护。

一级保养：对无人机整体结构及功能进行全面的检查，对飞行器各模块进行校准及软件升级，并对日常清理中无法接触的机器结构内部进行深度清理，保养清洁过程需对无人机进行一定程度的拆卸，需交由专业的维护团队进行保养维护。

二级保养：在该保养周期内除了完成一级保养的要求外，增加对无人机易损件的更换处理，维护保养团队需准备好无人机易损件备件，用于保修替换。

三级保养：是在该保养周期内充分检查整机的结构及功能情况，需对无人机进行深度的拆卸，并在替换易损件基础上，更换无人机动力电机。

（7）无人机检修要求。无人机进行检修时对检修人员、检修场地、检修设备、备用材料检修流程以及相应规范制度等都有相应的要求，主要可以分为以下三个方面：

1）检修人员要求。无人机检修需保证参与检修人员具备合格的无人机拆装基础技能，熟悉电子设备检测方法，接受了对应无人机型号的专题维修培训，通过维修技能考核，可以熟练识别无人机设备各部件，并判断各部件状况，进行故障识别与组件更换。在进行无人机检修时检修人员需要了解无人机检修场所的安全规范以及工作章程，保证检修工作规范有序。在进行电子设备检修时需注意进行防静电保护。

2）检修硬件设施要求。检修场地：须保证检修环境相对封闭，空气洁净，环境整洁，配备有专用的工作台，以及设备存放支架及场地，充足的照明灯光及供电。

检修设备：除配备基本的无人机拆卸，焊接等工具及材料外，需配备专业的故障检测设备及对应的检测软件以及防静电设施。

维修备件：参考无人机设备零件损耗程度及维修精细度，提供检修无人机型号对应的各等级备件及各类消耗材料。

3）检修管理要求。无人机设备检修在人员及设备上均需统筹管理，通过技术资料，实际运作，完善形成具体无人机检修操作流程，并制定检修标准及安全作业规范，确保检修工作能积极有效的运作。

（三）固定翼无人机的组装、调试

（1）组装前的准备工作。

固定翼无人机的构造概览。固定翼无人机是指由动力装置产生前进的推力或拉力，由机体上固定的机翼产生升力，在大气层内飞行的重于空气的一种无人机，见图 2-6。

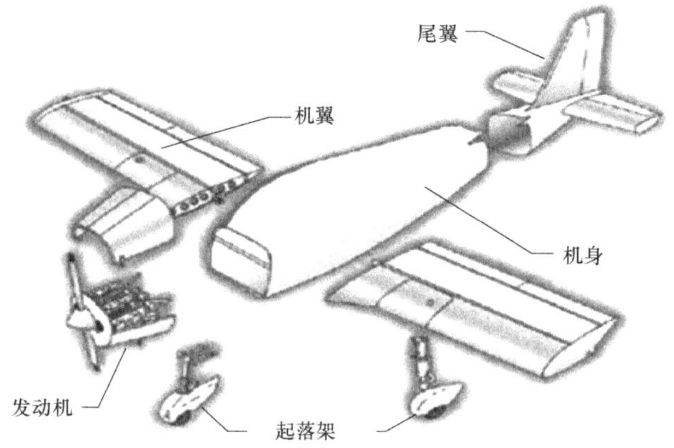

图 2-6　固定翼无人机构造概览

1）机身。按照机身的功用，对机身有如下要求：

在使用方面，应要求它具有尽可能大的空间，使它的单位体积利用率最高，以便能装载更多的人和物资，同时连接必须安全可靠。应有良好的通风加温和隔音设备：视界必须广调，以利于飞机的起落。

在气动方面，它的迎风面积应减小到最小，表面应光滑，形状应流线化而没有突角和缝障，以便尽可能地减小阻力。

在保证有足够的强度、刚度和抗疲劳的能力情况下，应使它的重量最轻。

机身的结构形式主要包括桁梁式机身、桁条式机身、硬壳式机身等，见图 2-7。

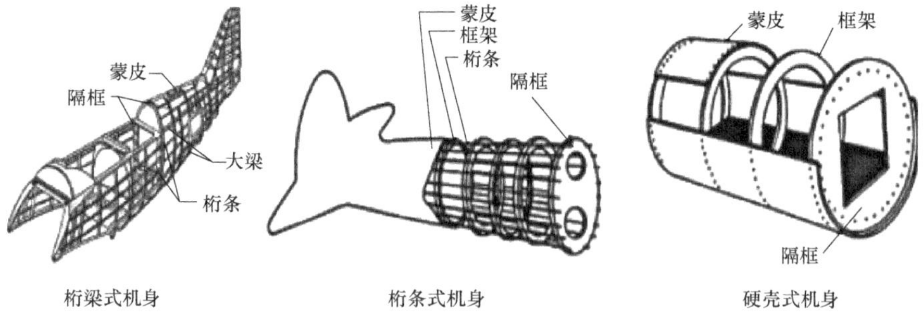

图 2-7　机身结构形式

2）机翼。机翼是固定航空器产生升力的部件，机翼后面有可操纵的活动面，一般靠外侧的叫副翼，控制飞机的翻转，靠内侧的叫襟翼，用于增加起飞着陆阶段的升力，见图 2-8。

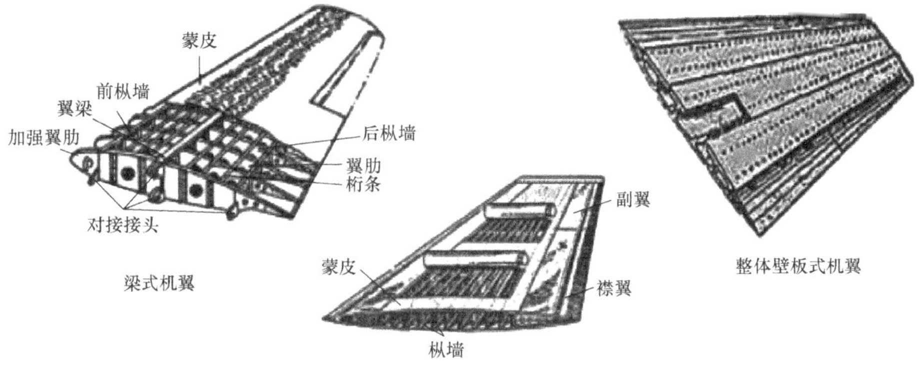

图 2－8　单块式机翼

3）尾翼。尾翼的主要功用是保护飞机的纵向（俯仰）和方向（偏航）的平衡，并使飞机在纵向和方向两方面具有必要的稳定和操纵作用性，见图 2－9。

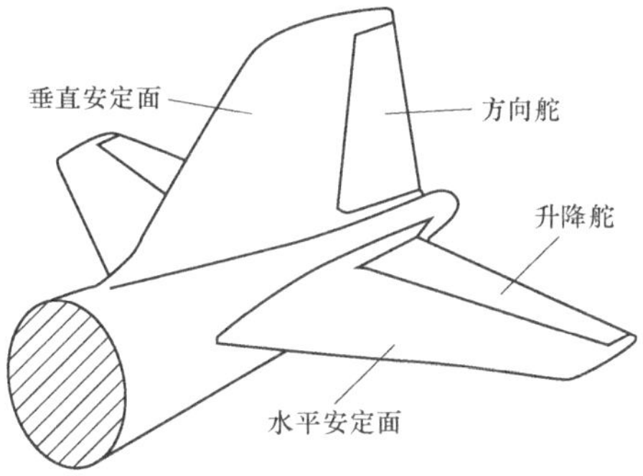

图 2－9　尾翼

4）操纵面。操纵面分布在机翼和尾翼上，是用于控制飞机飞行状态的舵面，见图 2－10。

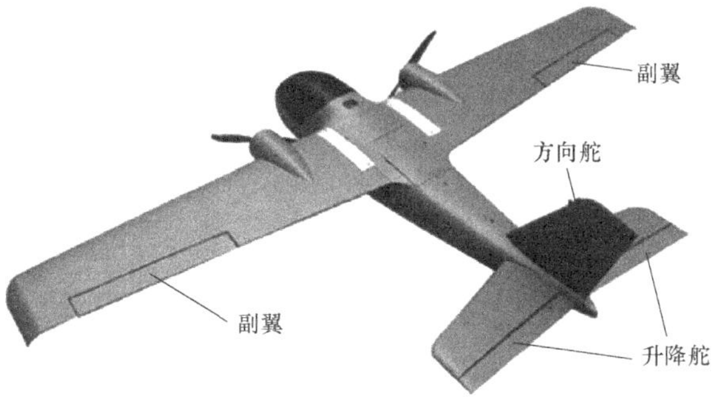

图 2－10　操纵面

5）起落架。起落架的主要作用有：承受飞机在地面停放、滑行、起飞着陆滑跑时的重力；承受、消耗和吸收飞机在着陆与地面运动时的撞击和颠簸能量；滑跑与滑行时的制动；滑跑与滑行时操纵飞机，见图 2－11。

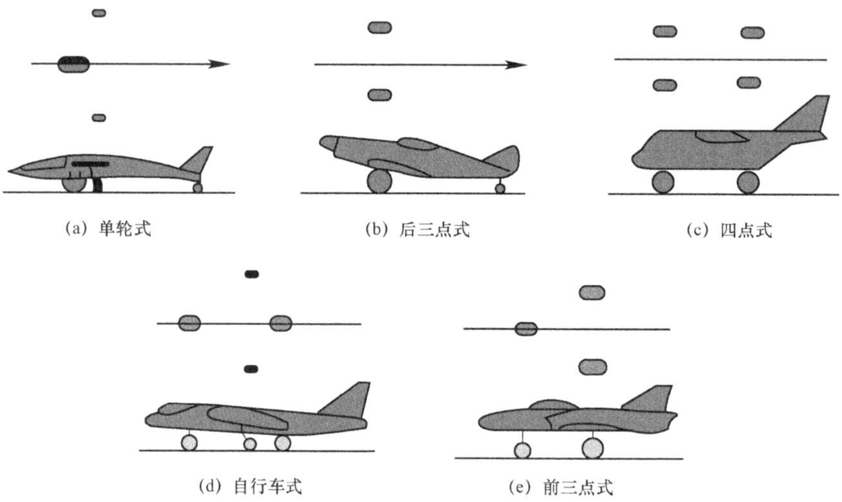

图 2－11　起落架

6）零部件清单，见表 2－2。

表 2－2　零部件清单

部位	零部件	规格	数量
机体系统	主翼		2
	机身		1
	升降翼		1
	尾翼		1
	竹签		1
	橡皮筋		1
	钢丝		2
	前起落架		2
	后起落架		1
	电机座		1
	螺丝	各种规格	若干
动力系统	电机	2212/1400kV	1
	电子调速器	无刷电调 30A	1
	电池	2700mAh	1
	螺旋桨		1
	舵角		4
	金属螺丝锁快速调节器		3
	塑料夹头快速调节器		1
	十字舵机臂		1
	舵机连杆		4

续表

部位	零部件	规格	数量
飞控系统	陀螺仪		1
	遥控接收机		1
	舵机		4
遥控系统	遥控器		1

7）工具材料清单，见表 2－3。

表 2－3　　工具材料清单

名称	规格	数量
剪刀		1
平嘴钳		1
尖嘴钳		1
镊子		1
螺丝刀套装		1
电烙铁	功率 200W	1
热熔胶枪		1
热缩套管	直径ϕ6mm	1
螺距尺		1
魔术贴扎带	长度 200mm	1
焊锡丝及松香		若干
热熔胶棒		若干
塑料扎带		若干
泡棉双面胶		若干
螺纹胶		若干
502 胶水		若干

（2）组装流程，见图 2－12。安装过程中，特别要注意以下几点：

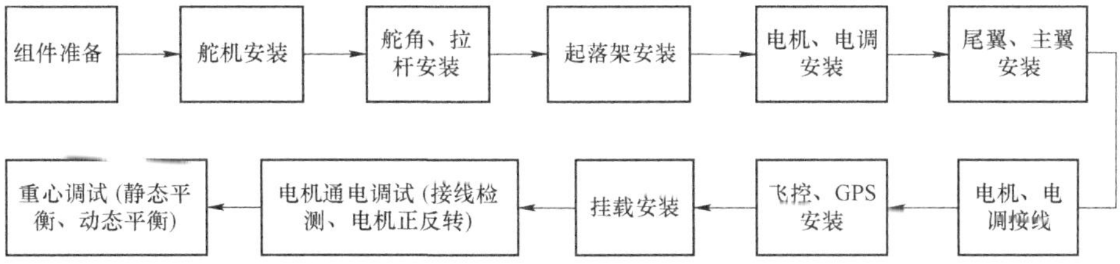

图 2－12　组装流程

所有焊接触点加上热融胶，保证绝缘；螺丝上螺丝胶，保证稳固。

安装的设备尽量对称，保证飞行器的重心居中。

为了避免干扰，线材不能跨越飞控表面，要从飞控旁边走线；有些电磁转换较大的设备可加上锡纸，避免干扰。

能够不加的设备尽量不加（比如蜂鸣器等），多余的电线尽量剪掉，减轻重量。

1）机架的组装。

① 起落架的安装。先用螺丝将起落架后轮与机身连接并固定。将起落架前轮插入机身，将前轮转向控制杆再转向摇臂上，并将转向摇臂装在前起落架转轴上，注意转向摇臂与机轮垂直，见图 2－13。

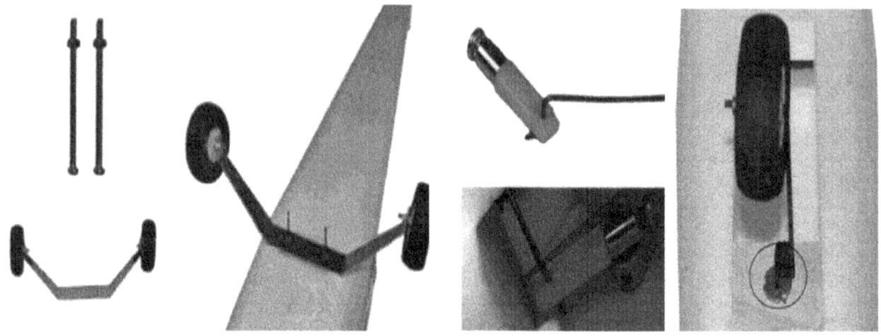

图 2－13　起落架安装

② 水平尾翼与垂直尾翼的组装。先分别在水平尾翼的升降舵和垂直尾翼方向舵上安装舵角，注意舵角上的孔要朝前。然后在水平尾翼和垂直尾翼的贴合处涂上泡沫胶粘接组装。注意水平尾翼上的升降舵舵角要朝下。随后用泡沫胶将尾翼组件与机身粘接在一起，见图 2－14。

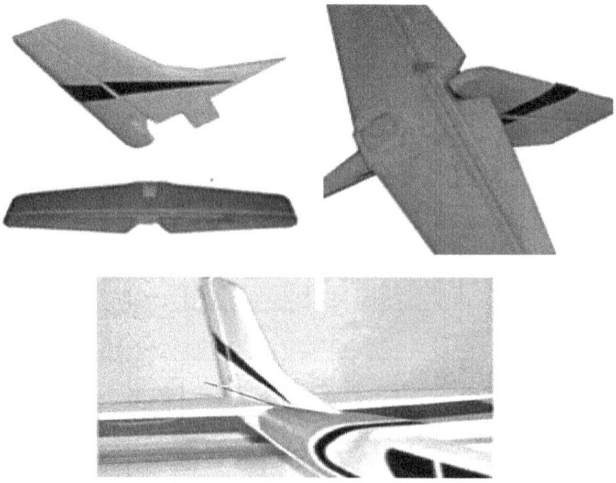

图 2－14　水平尾翼与垂直尾翼组装

③ 机翼的组装。将左右两半机翼横断面均匀涂上泡沫胶和强力胶水，并粘接在一起。待机翼静止粘牢后，在碳杆槽均匀涂上泡沫胶并放置碳杆。放碳杆时要注意用力挤压，以让碳杆完全嵌进槽里。

随后，用纤维胶带把副翼舵机Y型延长线粘贴在主翼上。Y型延长线的作用，就是让副翼的两个舵机同时运行，但是转向不同，由此就能达到副翼活动时，两边副翼能一上一下，从而达到倾转效果。Y型延长线能把两个舵机的插头汇成一个，插到接收机副翼通道。

随后，用纤维胶带把副翼舵机Y型延长线粘贴在主翼上。Y型延长线的作用，就是让副翼的两个舵机同时运行，但是转向不同，由此就能达到副翼活动时两边副翼能一上一下，从而达到倾转效果。Y型延长线能把两个舵机的插头汇成一个，插到接收机副翼通道，见图2-15。

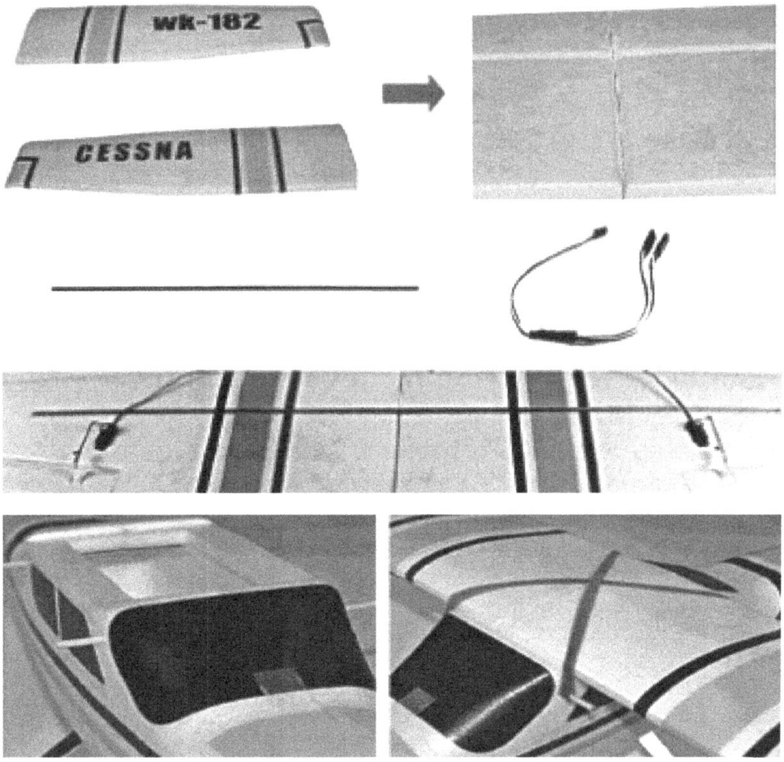

图2-15　机翼的组装

2）　电子设备的安装。

① 舵角的安装。在副翼，水平尾翼，垂直尾翼上的合适位置，用美工刀切一个可以让舵角插入的短槽，反面用舵角扣扣住。用热熔胶固定舵角，并将舵角和舵角固定在

一起，见图 2－16。

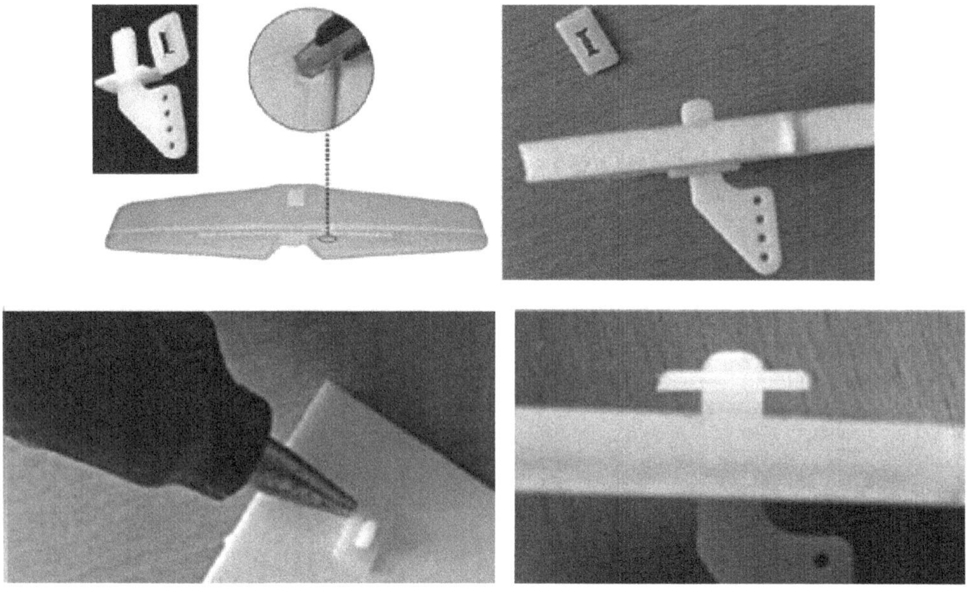

图 2－16 舵角安装

② 舵机连杆快速调节器的安装。塑料夹头快速调节器的安装方法，见图 2－17。

图 2－17 舵机连杆快速调节器安装

金属螺丝锁快速调节器的安装方法，见图 2－18。

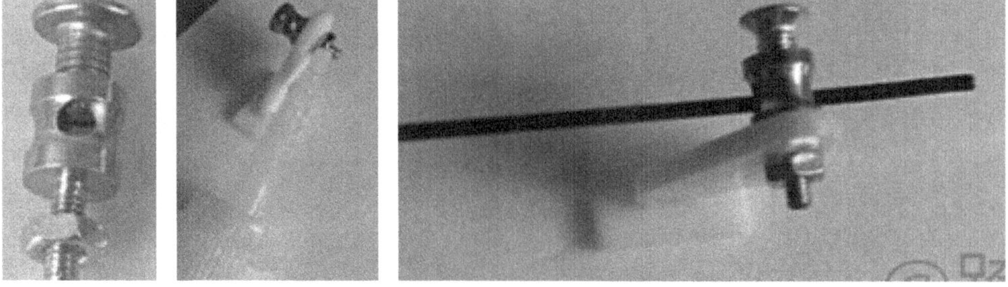

图 2－18 金属螺丝锁快速调节器安装

③ 舵机连杆与舵机摇臂的连接方法。用老虎钳将舵机连杆的一端弯曲成如图所示的形状，这样舵机连杆可以自由活动，且方便与舵机摇臂连接，直接穿过舵机摇臂上的孔即可，见图 2－19。

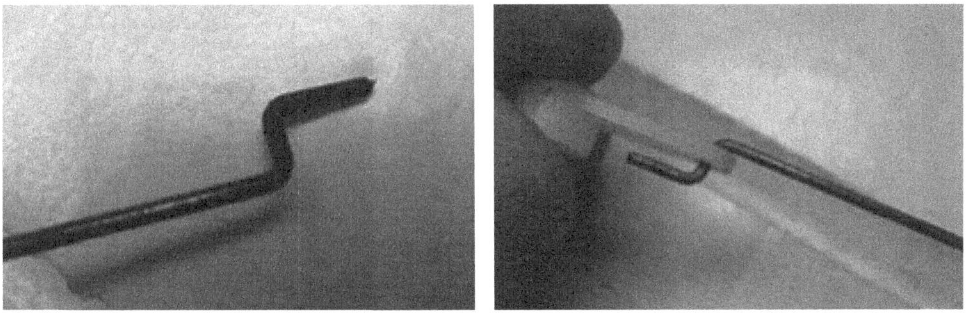

图 2－19　舵机连杆与舵机摇臂连接

④ 副翼舵机的安装。副翼左右两侧各有一个舵机，安装在机翼指定的舵机凹槽，并用胶水固定，随后通过舵机连杆与副翼上的舵角相连接，见图 2－20。

图 2－20　副翼舵机安装

⑤ 方向舵机和升降舵机的安装。方向舵机上安装十字摇臂，一侧装一个快速调节器，连接前轮转向控制杆；另一侧连接方向舵连杆，控制垂直尾翼上的方向舵，见图 2－21。升降舵机与方向舵机并排安装，摇臂连接升降舵机连杆，控制水平尾翼上的升降舵。

图 2－21　方向舵机和升降舵机安装

⑥ 电机安装。将焊接后的电机固定在电机的固定座上，然后用螺丝将电机固定座固定，见图 2－22。

图 2－22　电机安装

⑦ 电调与电机相连接。安装电调时，电调的电源线要注意排线线路走向，将电调用 3M 胶粘接在机舱上的合适位置，见图 2－23。

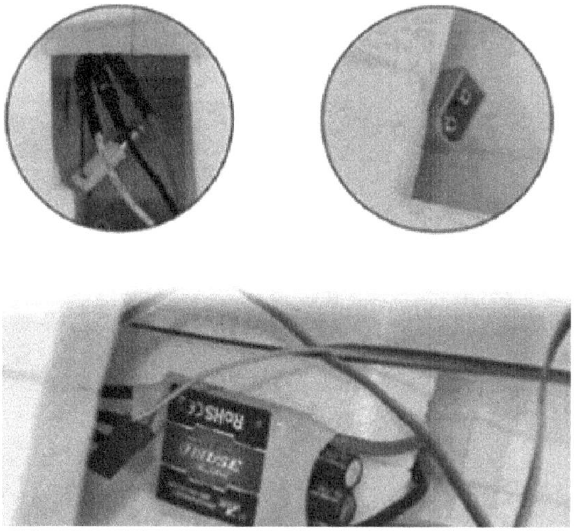

图 2－23　电调与电机连接

⑧ 接收机与舵机、电调连线。接收机与舵机及电调的接线口要一一对应，如图所示。对于 Futaba 系列的遥控器，通道是这样定义的：第一通道（CHI）副翼、第二通道（CH2）升降舵、第三通道（CH3）油门、第四通道（CH4）方向舵，连接时只用把各插头插到对应插口就行。将接收用 3M 胶粘贴在机舱合适位置，要求不影响舵机、钢丝拉动，见图 2－24。

⑨ 螺旋桨的安装。选择格式垫片装入螺旋桨中，将螺旋桨套入桨夹，并安装在电机上并拧紧，见图 2－25。

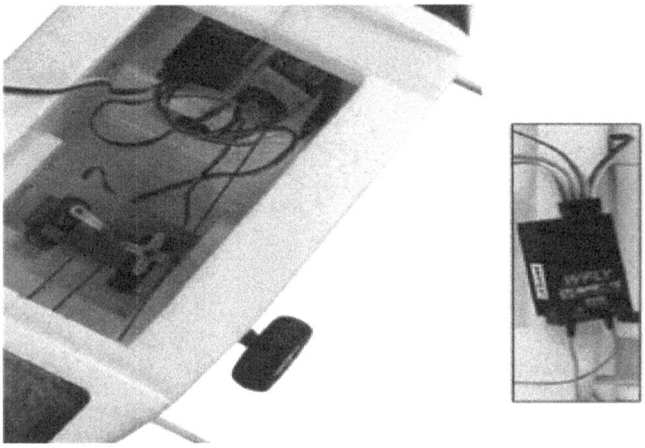

图 2－24　接收机与舵机、电调连线

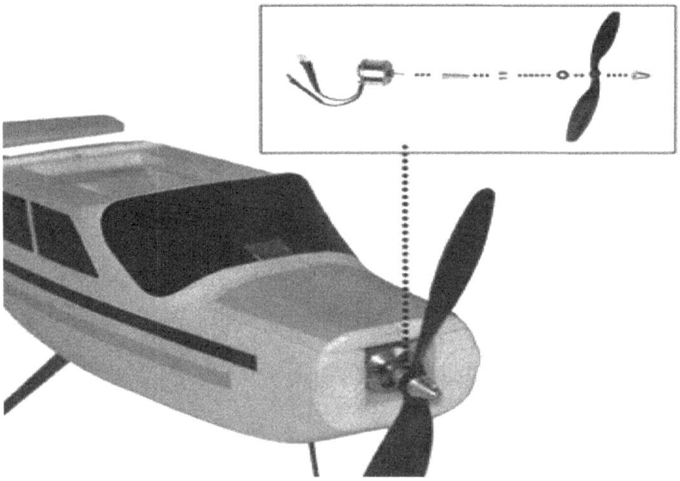

图 2－25　螺旋桨安装

⑩ 电池安装。用魔术贴扎带，将电池固定在电池槽中，组装完毕的固定翼无人机，见图 2－26。

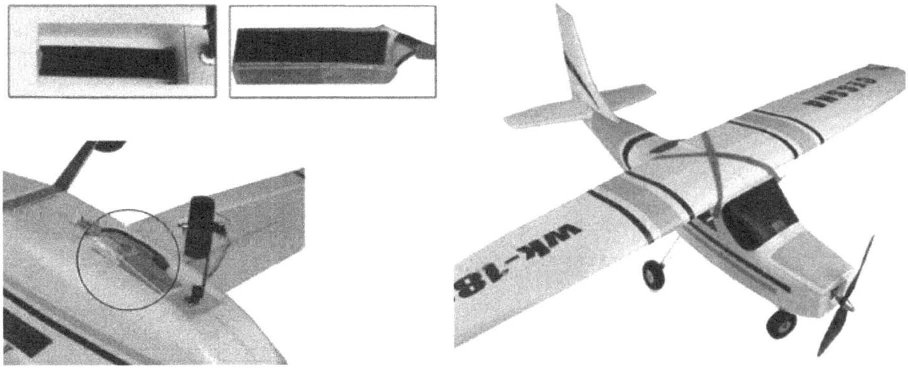

图 2－26　电池安装

（3）调试。

检查装配是否准确；

检查装配连接是否牢靠；

检查动力系统；

观察预热和自检程序是否正常。

（四）无人机的维护与保养

1. 无人机本体维护与保养

无人机本体主要包含无人机机身，遥控器及相应的电池等，在保养过程中需要做到对设备各部位进行仔细的检查，按照保养内容的不同进行划分，可以将无人机保养分为：基础检测、升级校准、机体清洁、组件更换四个不同的维护保养流程。电池由于其使用特殊性需单独进行保养工作。

（1）基础检测。基础检测主要是对无人机机身及遥控器的外观，外部结构进行逐个检查，确认各部件是否正常，当发现部件损坏时需进行登记并提交维修处理，无人机型号及造型的差异，具体检查的结构部位会有差异，表2－4是基础检测所涉及的无人机机体组件检查项样例。

表2－4　无人机机体组件检查

基础检查	上盖	检查是否破损、裂缝、变形
	下壳	检查是否破损、裂缝、变形
	桨叶	是否有弯折、破损、裂缝等
	电机	不通电情况手动旋转电机是否存在不顺畅、电机松动
	电调	电调是否正常工作，无异物，无水渍（针对M200/M200V2系列对防水性能进行维护检测）
	机臂	机臂有无松动或裂缝、变形
	机身主体	整体有无松动、变形、裂缝
	天线	检查是否破损、裂缝、变形
	脚架	检查是否破损、裂缝、变形
	遥控器天线	检查是否破损、裂缝、变形
	遥控器外观	检查是否破损、裂缝、变形
	遥控器通电后	测试每一个按键，是否功能正常有效

续表

基础检查	对频	机身与遥控器是否能重新对频
	自检	确认通过软件 App 或机体模块自检通过并无报错
	解锁电机测试	空载下检查无异响和双桨
	电池电压检测	插入电池可正常通电，电芯电压压差是否正常
	云台减震球/云台防脱绳	减震球是否变形、硬化，防脱绳是否松动破损
	桨叶底座/桨夹	桨叶底座/桨夹是否破损、松动
	视觉避障系统检查（如有）	检查视觉避障系统是否能检测到障碍物
	电池仓	电池插入正常，没有过紧过松，且接口处不变形

（2）升级校准。无人机机身及遥控器等设备 IMU、指南针及遥控器摇杆等组件需要进行定期的校准，以保证良好的运行状态，在进行保养时需要对其进行校准检查，判断 IMU、指南针摇杆、避障模块（如有）等是否能正常校准，并检查其工作状态是否正常。定期更新无人机设备固件来保证无人机功能的更新与稳定。不同无人机机型所需进行校准或固件升级的部件不尽相同，无人机升级校准示例项见表 2－5。

表 2－5　　无人机升级校准

校准升级	App 内 IMU 校准	通过遥控器或 App 提示校准，校准是否通过
	App 内指南针校准	通过遥控器或 App 提示校准，校准是否通过
	RC 摇杆校准	在 App 或遥控器上选择 RC 摇杆校准
	视觉系统校准（如有）	通过调参校准飞行视觉传感器
	RTK 系统升级（若有）	通过调参查看是否升级成功
	遥控器固件升级	通过遥控器固件查看是否升级成功
	电池固件升级	通过调参/App 查看所有电池是否升级成功
	飞行器固件升级	通过调参查看是否升级成功
	RTK 基站固件升级（若有）	检查 RTK 基站固件是否为最新固件
	云台校准（若有）	通过 App 校准云台

（3）机体清洁。机体清洁主要是指对无人机本体进行完整的清灰去污，将无人机外观及部件状态基本恢复到出厂水平，由于无人机机身并非完全封闭系统，在使用过程中，灰尘污垢会有一定概率进入机身内部，在进行清洁时也需要清理机身内部，确保无人机不会因内部堵塞等原因造成故障。表 2－6 列出了无人机进行清洁时需要注意

清理的部位。

表 2－6　　无人机清洁注意部位

深度清洁	胶塞	是否松脱、变形
	旋转卡扣	卡扣是否破损、有外来异物
	电机轴承	清理存在的油污、泥沙等外来物
	遥控器天线	天线是否破损
	遥控器胶垫	胶垫是否松弛、泥沙、灰尘
	结构件外观	连接件是否破损、磨损、断裂、油渍、泥沙
	机架连接件及脚架	是否破损、磨损、断裂、油渍、泥沙
	散热系统	散热是否均匀，没有异常发烫
	舵机及丝杆连接件	外观是否变形、泥沙、油污，启动是否顺滑
	遥控器接口	各接口是否接触不良，连接不顺畅
	电源接口板模块	金手指是否变形、断裂，插入正常，没有过紧过松

（4）组件更换。组件更换是指对检查中发现无人机设备出现外观瑕疵，功能性故障的组件进行更换处理，在定期保养的过程中也会对无人机机身上易出现老化磨损的固件进行统一的更换处理，确保无人机机体结构强度与稳定性符合作业要求，通常情况下无人机因其结构差异，产生老化与磨损的组件也不尽相同，通常易出现老化的组件主要是橡胶、塑料或部分金属材质与外部接触或连接部位的组件以及动力组件等，如减震球、摇杆、保护罩、机臂固定螺丝、桨叶、动力电机等。

（5）电池保养。电池作为无人机动力，与机体其他机械电子结构不同，其涉及频繁的充放电操作以及插拔等动作，在整体的保养过程中不会像其他组件一样只需要进行定期的保养。锂电池也由于其自身的放电特性，具有其特有的使用寿命以及特殊的工作环境要求，电池保养过程贯穿于整个电池的使用周期，其主要的保养方式分为使用期间的保养以及电池存储期的保养。

（6）使用保养。电池出现鼓包、漏液、包装破损的情况时，请勿继续使用。在电池电源打开的状态下不能插电池，否则可能损坏电源接口。电池应在许可的环境温度下使用，过高温度或过低温度均会造成电池寿命下降及损坏；确保电池充电时，电池温度处于合适的区间（15～40℃），过低或过高温度充电都会影响电池寿命，甚至造成电池损坏；充电完毕后请断开充电器及充电管家与电池间的连接。定时检查并保养充电器及充电管家，经常检查电池外观等各个部件。切勿使用已有损坏的充电器及充电管家。飞行时尽量不要将电池电量耗尽才降落，当电池放电后电压过低时（低于 2V），将会导致电池低电压锁死报废，无法进行充电等操作，且无法恢复。严重低电压电池再次强制充电易出现起火的情况。

（7）电池存储保养。短期储存（0～10 天）：电池充满后，放置在电池存储箱内保存，确保电池环境温度适宜；

中期储存（10～90 天）：将电池放电至 40%～65%电量，放置在电池存储箱内保存，确保电池环境温度适宜；

长期储存（90 天～）：将电池放电至 40%～65%电量存放，每 90 天左右将电池取出进行一次完整的充放电过程，然后再将电池放电至 40%～65%电量存放。

另外，切勿将电池彻底放完电后长时间存储，以避免电池进入过放状态，造成电芯损坏，将无法恢复使用；禁止将电池放在靠近热源的地方，比如阳光直射或热天的车内、火源或加热炉。电池理想的保存温度为 22℃～30℃；长期存放时需将电池从飞行器内取出。

2. 无人机任务载荷设备的维护与保养

无人机任务载荷分为各种不同类型，如云台相机，喊话器、探照灯、机载激光雷达、多光谱相机等。不同的设备具体的处理保养方式也不尽相同，特殊的载荷装置需要依据其自身技术特点进行特殊的维护保养，具体的保养模式应与载荷设备提供商沟通，形成针对性的保养处理解决方案。现以无人机常用的挂载设备云台相机为例，描述其基本保养所需检查部件及保养方式，见表 2－7。

表 2－7　云台相机的基本保养

挂载部件检查	云台转接处	是否有弯折、缺损、氧化发黑，是否可安装到位
	接口松紧度	是否可安装到位，无松动情况
	排线	是否有破裂或扭曲、变形
	云台电机	手动旋转电机是否存在不顺畅、电机松动，异响
	云台轴臂	是否有破损、磕碰或扭曲、变形
	相机外观	是否有破损、磕碰等
	相机镜头	是否刮花，破损
	外观机壳	检查是否破损、裂缝、变形

续表

挂载性能检测	对焦	对焦是否存在
	变焦	变焦是否正常
	拍照	拍照正常，照片清晰度正常
	拍视频	拍视频正常，视频清晰度正常
	云台上下左右控制	YRP 各轴是否转动顺畅，是否有抖动异响，回中时图像画面是否水平居中
	SD 卡格式	格式化是否成功
挂载校准升级	ROLL 轴调整	ROLL 轴调整是否正常
	云台自动校准	云台自动校准是否成功通过
	相机参数重置	相机参数是否重置成功
	云台相机固件版本	固件版本是否可见
	固件更新及维护	确保固件版本与官网同步

3. 无人机设备故障诊断

（1）无人机的故障诊断与维修。无人机是机械动力结构与电子设备的结合体，涉及诸多的电力组件与电子芯片以及无线电信号设备。且无人机作为自动化控制系统，其飞行器核心部件是飞行控制器，当设备出现故障时，通常会由飞控进行故障判断并发出提示指令。由于无人机故障特征非常多样，故障生成的原因也无法直观的通过简单的观察与拆解来进行诊断与修复。无人机的故障诊断与修复方式往往结合了硬件修理与软件修复的过程。

（2）无人机故障诊断设备。无人机在出现故障时，往往先由无人机控制器的软件系统所提示，需要通过识别软件提示的错误信息，再进行进一步的硬件故障排查与修理，在无人机维修过程中进行故障诊断的设备也分为软件与硬件层面。

故障诊断软件：无人机的故障诊断软件通常是由维修内部调参软件、数据日志分析诊断软件以及飞行状态模拟软件构成。通过通用或专用的信号传输接口，软件可以与无人机飞行控制系统进行通信获取到无人机飞行控制系统的各类状态信息及内部参数，也能通过读取飞控记录数据日志由数据日志分析软件检查飞行器故障时飞行器当时的具体状态。在进行故障复现时也可以通过飞行模拟软件模拟出无人机飞行控制的环境促使故障显示。

故障诊断硬件：无人机故障诊断硬件除了用于提供软件载体的专用计算机及连接设备外，还包含检测机身结构及动力故障的硬件设备。包含动力系统调试设备、机身结构检测设备（探伤仪、固定治具等），通过无人机专用的诊断设备硬件，维修检测人员可以方便的查看无人机动力系统是否有异常，机身内部结构是否有损坏等。

（3）无人机常见故障诊断。无人机由于其型号及提供商的差异，往往故障类型差异很大，但依旧会有部分共性的问题会出现，可以通过分析设备提示情况以及初步检测来确定问题的所在。以下有几个常见故障案例提供参考：

开机后解锁电机不转：请检查是否正确执行掰杆动作（内八或外八解锁）；请连接调参软件或 App 查看主控异常状态，并根据调参或 App 指示检查具体故障。请检查遥控器杆通道滑块是否能满行程滑动，检查通道是否反向。请检查电调是否可正常工作，是否存在兼容性问题。遥控器是否已正确对频。

无人机飞行时异常震动：重新校准 IMU，指南针、检测故障是否仍旧出现，检查 IMU 及 GPS 位置是否保持固定，连接相应调参软件检查 IMU 及 GPS 安装位置偏移参数是否正确。检测无人机结构强度，通过拿起无人机适当摇晃，查看是否无人机机臂及中心是否有松动。可以在空载和满载的时候都这样试一下。如发现有明显结构变形，应当对无人机结构重新安装加强。如故障依旧，需要查看飞控感度及 PID 值变化，进行重新设置。

无人机出现 GPS 长时间无法定位：请确认当前环境是否处于空旷无建筑物区域，并将飞行器远离电塔、信号基站等强辐射干扰源观察 GPS 搜星状态，是否能接收到少量卫星信号，并尝试更换放置位置，是否出现卫星变化，如卫星数有增加建议继续等待。如果卫星数长时间为 0，且重启后故障依旧，需尝试刷新无人机机身固件，并检查 GPS 与机身飞控连接是否正常。

无人机开机出现鸣叫声：重启飞行器，检查故障是否依旧存在。连接调参软件或 App 检查是否有提示电调异常或飞控错误。重新刷新飞行器固件，检查故障是否依旧。检查电调与飞控间连线是否有松动或断裂。调试电调，检查电调是否异常。

无人机电池无法正常充电：检查电池指示灯是否有提示，并结合指示灯信号指示说明确认，电池具体的错误状态。

检查电池充电器或充电管家供电是否正常、有备用充电器或电池可以交叉测试。检查当前环境是否温度过高或过低超过电池正常充电温度范围。如电池指示灯不亮，可以先尝试将电池插入充电器等待 30 分钟，再检查电池是否有正常电量提示。如电池指示灯完全无反应，且充电器确认完好，则确认电池供电问题，需要专业人士进行检查维修。

4. 无人机常见故障排除方法

（1）无人机无图传显示。检查插遥控器或图传连接设备是否有正常对频成功，如有异常重新对频。检查姿态线和图传线是否连接完好，确保无破损现象。确保云台相机正确安装并可以通过自检，如出现连接异常，请检查云台接口的金属触点是否有变形、氧化现象，并尝试重新安装云台相机。

检查图传设置是否正确；如果安装的云台相机为DJI云台，则需在App内检查图传信号是否设置为EXT。若条件允许，尝试更换遥控器与飞行器对频进行替换测试。若在固件升级之后出现无图传，请确保图传与飞行器，遥控器固件升级正常，属于兼容版本。

如果在飞行过程中出现“无图传信号”排除环境干扰，建议切换图传信号通道，若信道质量依然较差，请检查遥控器天线位置摆放，将飞行器往远前方飞行，保持遥控器天线与天空端的天线平行；飞行器若在头顶，请将遥控器天线打平放置，使得飞行器信号接收在最佳范围内；若依旧干扰严重，则可能是环境干扰严重，考虑更换作业场地。

如通过图传设置的外置信号接口（HDMI）可以正常输出信号，则需判断遥控器或图传显示端故障，需专业人士维修。如飞行器是在发生碰撞后导致无图传，建议将图传模块进行具体故障检测。

（2）无人机解锁后无法起飞。检查遥控器油门杆是否有控制电机转动，如果没反应则可能是遥控器杆量或通信异常，尝试重新校准摇杆。如油门杆有控制电机，但电机加速不明显无法飞行，请确认遥控器操作手模式是否设置出错，修改为正常的操作手模式。如油门杆打杆电机转速正常加速，需检查飞行器桨叶是否装反，如果检查无误，尝试重新校准IMU再尝试。检查飞行器整体载荷是否有超过飞行器许可的起飞重量。

（3）遥控器无法正常控制云台。检查是否能通过App正常控制云台参数，如正常，则尝试重新校准遥控器或调整遥控器按键映射选项，看是否正常。如无法通过App调整则检查云台安装是否正常，尝试重新安装或更换云台测试是否为云台故障。如更换云台依旧无法正常操控则检查云台，尝试刷新飞行器固件进行检查。检查云台与飞控的控制连接线是否正常连接，是否出现故障。

（4）无人机飞行限高。确认当前飞行环境不属于限高限飞区范围。检查飞行器是否正常激活或是否处于训练模式。检查飞行器是否有正确连接 App 没有异常信息。通过 App 或调参检查飞行器是否设置了限制飞行高度。尝试升级飞行器固件及 App，看故障是否解决。

（5）无人机飞行时掉高。确认无人机飞行环境是否存在大风或气温突变的情况，影响气压计高度判断。检测飞行器散热通风模块是否有堵塞影响气压计判断。确认飞行器处于正确的飞行模式，检查操控油门是否有偏移。尝试重新校准 IMU，对于部分有下视距离传感器机型，尝试进行校准设备。检查飞行器使用时长，升级飞行器固件。

第三章　无人机巡检技术

（一）固定翼无人机巡检标准化作业流程

1. 适用范围

本指导书适用于 330kV 及以上输电线路固定翼无人机精细化巡检作业。

2. 引用文件

DL/T 2101—2020　架空输电线路固定翼无人机巡检系统

Q/GDW 11399　架空输电线路无人机巡检作业安全工作规程

Q/GDW 11386—2015　架空输电线路固定翼无人机巡检技术规程

GB/T 18037—2008　带电作业工具基本技术要求与设计导则

GB/T 14286—2008　带电作业工具设备术语

3. 术语及定义

固定翼无人机巡检通常应用于 220kV 及以上输电线路的架空输电线路通道环境巡检，主要巡检方式为拍照、录像等，巡检的主要内容为建（构）筑物、树木（竹林）、施工作业、采动影响区、火灾、交叉跨越、防洪、排水、基础保护设施、道路桥梁、污染源、自然灾害等进行巡查，并提交巡检所发现的缺陷及相关报告。

4. 班前会及作业前准备

（1）现场勘查。

1）确认天气及地形地貌。应确认作业现场天气情况是否满足作业条件，雾、雪、大雨、冰雹、风力大于 10m/s 等恶劣天气不宜作业。应确认线路周围地形地貌，是山地、丘陵、城镇还是乡村等。

2）应确认作业现场空域情况。

禁飞区：由国家划设的，未按照国家有关规则经特别批准，任何航空器不得飞入的空间。

管控区域：为维护空中交通秩序、保障空中交通安全和国家安全，按照国家有关法规划设，对航空器在空间内活动应遵守的规则、方式和时间等进行了规定和限制的区域。民用航空的空中管制区包括塔台管制区、进近管制区和区域管制区等，此外还包括但不限于以下区域：

空中禁区：由国家划设的，未按照国家有关规则经特别批准，任何航空器不得飞入的空间；

空中限制区：由管制部门划设的，在规定时限内，未经管制部门许可的航空器禁止飞入的空间；

空中危险区：由管制部门划设，供对空射击或者发射使用的，在规定时限内，禁止无关航空器飞入的空间；

空域申请：固定翼无人机巡检作业应严格按国家相关政策法规、当地民航军管等要求规范化使用空域。工作任务签发前应确认飞行作业区域是否处于空中管制区；未经空中交通管制批准，不得在管制空域内飞行。作业执行单位应根据固定翼无人机巡检作业计划，按相关要求办理空域审批手续，并密切跟踪当地空域变化情况。实际飞行巡检范围不应超过批复的空域。

3）应确认巡检线路图。确认巡检作业线路杆塔的类型、坐标及高度、线路周围地形地貌和周边交叉跨越情况。应根据巡检线路的杆塔坐标及塔高等技术参数，结合线路途经区域地图和现场勘查情况绘制航线，制定巡检方式、起降位置及安全策略。航线规划应避开空中管制区、重要建筑和设施，尽量避开人员活动密集区、通信阻隔区、无线电干扰区、大风或切变风多发区和森林防火区等地区。对首次进行固定翼无人机巡检作业的线段，航线规划时应留有充足裕量，与以上区域保持足够的安全距离。

4）资料查阅。巡检前，作业人员应明确固定翼无人机巡检作业流程：

根据巡检任务进行资料查阅，查阅巡检线路台账及卫星地图等资料，掌握杆塔等巡检设备型号参数、坐标及高度，及巡检线路周围地形地貌和周边交叉跨越情况，见图3－1。

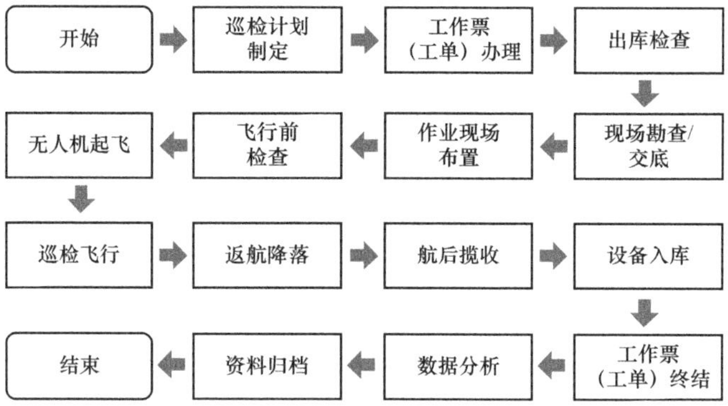

图 3－1　固定翼无人机巡检作业流程图

（2）固定翼无人机系统的配置清单，见表 3－1。

表 3－1　　固定翼无人机系统的配置清单

√	序号	名称	型号/规格	单位	数量	备注

（3）仪器仪表及工器具，见表 3－2。

表 3－2　　仪器仪表及工器具

序号	名称	单位	数量
1	安全帽	顶	
2	望远镜	台	
3	对讲机	台	
4	激光测距仪	台	
5	风速风向仪	台	

（4）出库检查。

1）设备出库时，领用人员需当场确认无人机及配件的规格型号和数量，并检查外观及质量，核实无误后在领用单上签字确认。

2）如果发现问题，领用人及时更换完好的无人机或配件，核实无误后在领用单上签字确认。

（5）工作人员组成。

1）工作负责人。工作负责人负责全面组织巡检工作开展，负责现场飞行安全。

2）工作班成员。

能力要求：本年度安规考试成绩合格，具有一定现场运行经验；作业人员应满足固定翼无人机资格证要求，取得 UTC 或 AOPA 等资格证书；作业人员应熟悉掌握固定翼无人机的组装和构成；作业人员应熟悉掌握输电线路运行规程；作业人员应熟悉工作业务范围及工作内容。

职责分工如下：

操控手：负责固定翼无人机起降操控、设备准备、检查、撤收；

程控手：负责程控固定翼无人机飞行、遥测信息监测、设备准备、检查、航线规划、撤收；

任务手：负责任务设备操作、现场环境观察、图传信息监测、设备准备、检查、撤收；

地勤人员：负责针对固定翼无人机的保养护理，不直接参与固定翼无人机执行任务时的控制，协助工作负责人对固定翼无人机设备进行收纳和检查。

（6）填写作业指导书。作业指导书应用黑色或蓝色的钢（水）笔或圆珠笔填写与签发；内容应正确，填写应清楚，不得任意涂改；如有个别错、漏字需要修改时，应使用规范的符号，字迹应清楚。

5. 现场准备

（1）现场复勘。作业前使用风速仪进行风力等级检测，风力大于 5 级及以上严禁开展巡检作业；如遇雷、雨、雪、大雨、冰雹等恶劣天气严禁作业；输电线路在跨越高速铁路两侧杆塔时，严禁固定翼无人机巡检作业。

（2）布置作业现场。现场应使用工作围栏划分不同的功能区，功能区包括地面站操作区，固定翼无人机起降区，工器具摆放区等，各功能区应有明显区分。起降区周围应设安全围栏，禁止行人和其他无关人员逗留，特别是在起降过程中，需时刻注意保持与无关人员的安全距离。

首先选择合适的起降场地，要求为大小适宜、地面平整；巡检全过程中，起降场地与固定翼无人机应保持通视，保证遥控、通信质量良好；起降场地周围应无高大建筑、线路或树木等障碍物，或地下电缆等干扰源；尽量避免将起降场地设在巡检线路或固定翼无人机飞行路径下方、交通繁忙道路及人口密集区附近。

若起降区地面尘土、砂砾、树枝等杂物较多，应铺设帆布，防止固定翼无人机起飞时杂物卷入螺旋桨面或机体内造成意外。选定起降区后，在其附近的合适位置架设地面站，架设地面站时，通信天线应确保在巡检全过程中与固定翼无人机无遮挡，保持通信质量良好。最后现场布置应保持整洁，有序，工器具放置整齐。

（3）作业分工，见表 3－3。

表 3－3　　作　业　分　工

序号	作业内容	作业分工
1	工作负责人 1 名	负责全面组织巡检工作开展，负责现场飞行安全
2	操控手 1 名	负责固定翼无人机起降操控、设备准备、检查、撤收
3	程控手 1 名	负责程控固定翼无人机飞行、遥测信息监测、设备准备、检查、航线规划、撤收
4	任务手 1 名	负责任务设备操作、现场环境观察、图传信息监测、设备准备、检查、撤收
5	地勤人员 1 名	负责针对固定翼无人机的保养护理，不直接参与固定翼无人机执行任务时的控制，协助工作负责人对固定翼无人机设备进行收纳和检查

6. 作业程序

（1）宣读工作单及安全注意事项（进行三交代）。

1）危险点分析，见表 3－4。

表 3－4　　危 险 点 分 析

√	序号	工作危险点	责任人签字
	1	起飞前未充分检查设备的各连接部分是否正常，工作中可能发生故障引起危险	
	2	起飞前未充分检查设备的各电器控制部分是否正常，工作中可能发生故障引起危险	
	3	起飞平台地点选择不合理（地面坡度过大或地面有沙石），可能引起侧翻或损伤电机的危险	
	4	起飞前未充分检查起飞环境是否具备飞行条件，飞行中可能发生碰撞或信号干扰引起危险	
	5	起飞前未充分掌握当天天气是情况否具备飞行条件，在飞行过程中遇到影响作业的天气变化，可能导致飞行作业危险性增加	
	6	起飞前通信设备未检查，可能导致飞行中交流不畅引起危险	
	7	起飞前未检查固定翼无人机和地面控制系统等电池电量，可能应电量不足导致飞行失控引起危险	
	8	起飞前未检查地面站软件，可能因下行链路数据不正常引起危险	
	9	起飞前未校准遥控器，导致不能准确控制固定翼无人机可能引发危险	
	10	起飞前未校准磁力计，可能导致不能接收 GPS 信号而引发的危险	
	11	起飞前未检查照相和摄像设备的电量和储存卡的空间，可能应电量和储存卡的空间不足导致不能完成此次作业任务	
	12	飞行中飞控手未能准确判断固定翼无人机与带电体的最小安全距离，而引起放电危险	
	13	飞行中作业人员存在精神或体力疲劳现象，可能引起操作失误而发生危险	
	14	飞行中作业人员未能准确判断周围环境、障碍物等，可能使飞行发生危险	
	15	飞行中地面站控制人员未能及时向飞控手准确预报数据情况，飞控手可能因飞行数据判断不准而导致误操作引发的危险	

2）生产现场作业十不干、四不伤害，见表3－5。

表3－5 生产现场作业内容

序号	内容	宣读确认	检查确认（√）
1	1. 无票的不干； 2. 工作任务、危险点不清楚的不干； 3. 危险点控制措施未落实的不干； 4. 超出作业范围未经审批的不干； 5. 未在接地保护范围内的不干； 6. 现场安全措施布置不到位、安全工器具不合格的不干； 7. 杆塔根部、基础和拉线不牢固的不干； 8. 高处作业防坠落措施不完善的不干； 9. 有限空间内气体含量未经检测或检测不合格的不干； 10. 工作负责人（专责监护人）不在现场的不干		
2	1. 不伤害他人； 2. 不伤害自己； 3. 不被别人伤害； 4. 保护他人不受伤害		

3）安全措施，见表3－6。

表3－6 安全措施

√	序号	内容	责任人签字
	1	起飞前要认真检查设备的机体及螺旋桨是否有破损及裂纹，以及其他各连接部分均正常后才能开机	
	2	起飞前要对各个电器控制部分进行试运行一次，确认无误后才能正式飞行	
	3	起飞平台尽量选择无坡度且开阔的地面过大，尽量保持地面无杂草、沙石等；在却无合适起飞场地可使用帆布铺设一个临时起飞平台	
	4	起飞前应充分检查起飞场地周围的环境，要避开高大树木、建筑物和微波塔起飞	
	5	起飞前充分掌握天气情况，风力大于10m/s禁止飞行（新手可控的风速在4m/s左右），雨天禁止飞行	
	6	起飞前要检查通信设备联络畅通（对讲机、耳麦等）	
	7	起飞前要检查固定翼无人机和地面控制系统等电池电量，电量要保证能完成此次作业任务	
	8	起飞前应开机确认地面站与遥控器和固定翼无人机的数据传输均正常才能飞行	
	9	起飞前应检查遥控器的各个控制杆杆量显示是否正常，如有问题应及时校准遥控器	
	10	起飞前检查GPS信号接收是否正常，如有问题应及校准磁力计	
	11	起飞前检查照相和摄像设备的电量和储存卡的空间，其电量和储存卡的空间应保证能完成此次作业任务	
	12	飞行中飞控手要密切关注固定翼无人机的姿态应与带电体保持的最小安全距离，特殊作业时可增设辅助监视人员	
	13	飞行中作业人员要保证有良好的精神状态	
	14	飞行中作业人员要准确判断固定翼无人机与周围环境、障碍物的距离且要留有一定的避险余地	
	15	飞行中地面站控制人员要及时向飞控手报地面站上的各项数据，要数据超标要及时提醒飞控手	

（2）操作步骤及内容，见表 3－7。

表 3－7　　操作步骤及内容

√	序号	作业内容	作业步骤及标准	安全措施注意事项	责任人签字
	1	固定翼无人机检查	1. 机体检查； 2. 各连接部分检查； 3. 螺旋桨检查	1. 任何部件都没有出现裂缝； 2. 设备没有松脱的零件； 3. 螺旋桨没有折断或者损坏	
	2	起飞前环境选择	1. 起飞平台选择； 2. 起飞风速检测； 3. 起飞地点与障碍物的控制； 4. 起飞点信号干扰控制	1. 固定翼无人机放置在平坦的地面，保证机体平稳，起飞地点尽量避免有沙石、纸屑等杂物； 2. 飞行时风速应不大于 8m/s； 3. 固定翼无人机起飞点离障碍物的距离应保持在 20m 以上； 4. 对 GPS 信号和磁力计不存在干扰，保证 GPS 的卫星颗数不少于 12 颗	
	3	起飞前电量检查	1. 固定翼无人机动力电池电量； 2. 遥控器供电； 3. 地面站供电	1. 用电池电量显示仪对电池进行测试，固定翼无人机电池显示参数符合起飞要求； 2. 每次飞行时一定要把遥控器电池充满电，保证不会因为电量的原因导致遥控器无法控制固定翼无人机；遥控器的频率必须固定翼无人机接的频率一致； 3. 携带足够的设备电池，保证地面站电脑的电池能满足该次作业的要求，不要出现在飞行过程中地面站电脑电量不足而关机的情况	
	4	起飞	1. 双摇杆外八字下拉到底，电机启动，固定翼无人机进入起飞状态； 2. 然后将油门轻推至 70%左右固定翼无人机便可以起飞	1. 启动螺旋桨后，观察各螺旋桨的工作状态是否正常； 2. 飞起后先低空（10m 左右）悬停，观察固定翼无人机的姿态是否稳定以及地面站的各项数据是否正常； 3. 注意在飞行过程中，切不可将摇杆同时外八字下拉到底	
	5	起飞后的控制	1. 要经常关注电量； 2. 避免在军事设施或者其他大功率辐射源附近飞行； 3. 尽量与障碍物保持一定的安全距离； 4. 飞行中的杆量控制	1. 地面站控制人员密切关注电量，一定要保证固定翼无人机有足够的电量返回着陆，当电池电压低 40%须返航； 2. 大功率辐射源可能会对固定翼无人机 GPS 信号干扰导致 GPS 定位精度不够影响飞行，也可能会因信号频率相进对遥控器与固定翼无人机的信号接收造成干扰； 3. 保持足够的安全距离，才能避免因突发的阵风或 GPS 定位精度不稳定致使固定翼无人机大幅度偏移造成事故； 4. 飞行中的杆量控制一定要柔和，不允许出现弹杆的情况，因为弹杆操作容易导致固定翼无人机电机转速忽高忽低，影响飞行稳定性	
	6	巡视作业	1. 控制与带电导线的安全距离； 2. 控制云台与被拍摄物的夹角	1. 固定翼无人机应与带电体保持 8m 以上的安全距离，在有风的情况下可根据风速加大安全距离的余度； 2. 根据作业任务的需求，拍摄位置的不同，视情况调整机身或云台与被拍摄物保持最佳的角度来完成作业任务	

续表

√	序号	作业内容	作业步骤及标准	安全措施注意事项	责任人签字
	7	返回地面	1. 返航时杆量应柔和； 2. 降至一定高度时应保证固定翼无人机的姿态； 3. 着陆要果断	1. 飞控手不允许使用直接大杆量减油门的方式降落，避免因下洗效应造成坠机。在降高时应采用左右横移同时降低高度的方式降落，也可以采用转圈的方式降落。 2. 当固定翼无人机高度降到10m左右时要保持固定翼无人机在飞控手的正前方以便于控制，同时杆量应柔和，让固定翼无人机匀速下降。 3. 固定翼无人机因地效的缘故在快要接地时会出现姿态不稳的现象（类似回弹的现象），此时应果断减油门使其降落	
	8	工作终结汇报	1. 确认所拍视频和照片符合作业任务要求； 2. 清理现场及工具，工作负责人全面检查工作完成情况，清点人数，无误后，宣布工作结束，撤离施工现场	—	
人员确认签字：					

7. 现场作业结束

工作终结后，工作负责人应及时报告工作许可人，报告方法可采用当面报告或电话报告。

编制工作终结报告，包括下列内容：工作负责人姓名、工作班组名称、工作任务（说明线路名称、巡检飞行的起止杆塔号等）已经结束，固定翼无人机巡检系统已经回收，工作终结。已终结的工作单应保存一年。

8. 标准化作业指导书执行情况评估（见表3－8）

表3－8　　标准化作业指导书执行情况评估

评估内容	符合性	优		可操作项	
		良		不可操作项	
	可操作性	优		修改项	
		良		遗漏项	
存在问题					
改进意见					

9. 设备入库

当天巡检作业结束后，应按所用固定翼无人机巡检要求对外观及关键零部件进行检查和维护；清理现场，核对设备和工器具清单，确认现场无遗漏；应将电池取出，并按要求进行保管；对于固定翼无人机自主巡检作业，应对作业航线进行检查、分析，若有调整应及时更新航线数据库中对应信息。

库房管理人员依据归还清单上所列的名称、数量、型号进行核对、清点，并检查好设备的质量，做到数量、规格准确无误，质量完好无损，配套齐全，经检查合格后，领用人在签收单上签字后，方可入库。

10. 班后会及工作总结

对巡检杆塔的数量、巡检照片的数量进行审核，对发现的缺陷进行命名，并按照固定翼无人机缺陷管理规定进行统计和上报。对固定翼无人机精细化巡检影像资料及数据进行归档整理；对固定翼无人机红外测温影像资料进行归档和分析，存在温度异常及时上报；填写班后会记录，对工作单进行审核及归档、备查。

（二）多旋翼无人机巡检标准化作业流程

1. 适用范围

本指导书适用于 330kV 及以上输电线路多旋翼无人机精细化巡检作业。

2. 引用文件

DL/T 1578　架空电力线路多旋翼无人机巡检系统

DL/T 1482　架空输电线路无人机巡检作业技术导则

Q/GDW 11399　架空输电线路无人机巡检作业安全工作规程

Q/GDW 11367—2014　架空输电线路无人直升机巡检技术规范

GB/T 18037—2008　带电作业工具基本技术要求与设计导则

GB/T 14286—2008　带电作业工具设备术语

3. 术语及定义

多旋翼无人机巡检通常应用于 110kV（66）及以上输电线路的架空输电线路设备及附属设施的精细化巡检，也用于小范围的输电线路通道巡检。主要巡检方式为拍照、录像等，巡检的主要内容为杆塔本体及附属设施关键部位可见光拍照巡检，并提交巡检所发现的缺陷及相关报告。

4. 班前会及作业前准备

（1）现场勘察。应确认作业现场天气情况是否满足作业条件，雾、雪、大雨、冰雹、风力大于 10m/s 等恶劣天气不宜作业；确认线路周围地形地貌，是山地、丘陵、城镇还是乡村等；应确认作业现场空域情况。

禁飞区：由国家划设的，未按照国家有关规则经特别批准，任何航空器不得飞入的空间。

管控区域：为维护空中交通秩序、保障空中交通安全和国家安全，按照国家有关法规划设，对航空器在空间内活动应遵守的规则、方式和时间等进行了规定和限制的区域。民用航空的空中管制区包括塔台管制区、进近管制区和区域管制区等，此外还包括但不限于以下区域：

空中禁区：由国家划设的，未按照国家有关规则经特别批准，任何航空器不得飞入的空间；

空中限制区：由管制部门划设的，在规定时限内，未经管制部门许可的航空器禁止飞入的空间；

空中危险区：由管制部门划设，供对空射击或者发射使用的，在规定时限内，禁止无关航空器飞入的空间；

空域申请：多旋翼无人机巡检作业应严格按国家相关政策法规、当地民航军管等要求规范化使用空域；工作任务签发前应确认飞行作业区域是否处于空中管制区；未经空中交通管制批准，不得在管制空域内飞行；作业执行单位应根据多旋翼无人机巡检作业计划，按相关要求办理空域审批手续，并密切跟踪当地空域变化情况；实际飞行巡检范围不应超过批复的空域。

应确认巡检线路图：确认巡检作业线路杆塔的类型、坐标及高度、线路周围地形地貌和周边交叉跨越情况；根据巡检线路的杆塔坐标、塔高等技术参数，结合线路途经区域地图和现场勘查情况绘制航线，制定巡检方式、起降位置及安全策略；航线规划应避开空中管制区、重要建筑和设施，尽量避开人员活动密集区、通信阻隔区、无线电干扰区、大风或切变风多发区和森林防火区等地区。对首次进行多旋翼无人机巡检作业的线段，航线规划时应留有充足裕量，与以上区域保持足够的安全距离，见图 3－2。

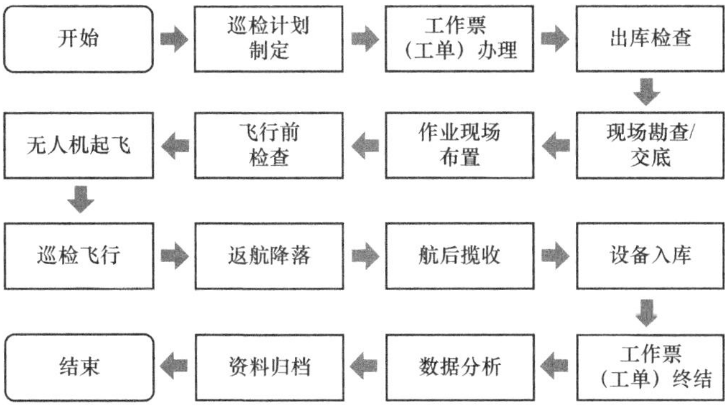

图 3－2　多旋翼无人机巡检作业流程图

资料查阅：巡检前，作业人员应明确多旋翼无人机巡检作业流程；根据巡检任务进行资料查阅，查阅巡检线路台账及卫星地图等资料，掌握杆塔等巡检设备型号参数、坐标及高度，及巡检线路周围地形地貌和周边交叉跨越情况。

（2）多旋翼无人机系统的配置清单，见表 3-9。

表 3-9　　多旋翼无人机系统的配置清单

√	序号	名称	型号/规格	单位	数量	备注

（3）仪器仪表及工器具，见表 3-10。

表 3-10　　仪器仪表及工器具

序号	名称	单位	数量
1	安全帽	顶	
2	望远镜	台	
3	对讲机	台	
4	激光测距仪	台	
5	风速风向仪	台	

（4）出库检查。出库检查包括整机机体检查和电池检查，且每次飞行前都应按要求检查到位，并根据任务清单核对无误后，进行出库确认，见表 3-11。

表 3-11　　出库检查

序号	检查项目	检查内容及标准
1	动力部分	目视检查电机及线缆，电机内无异物、线缆无松脱、无靠近电机现象
		目视检查电调，线缆无松脱、无破皮想象
		检测电池外观无破皮、膨胀；电量充足、无过大压差；线缆无松脱、无破皮现象；低压报警电压设置正确
		目视检查脚架无变形、无螺丝松动现象
		螺旋桨

续表

序号	检查项目	检查内容及标准
2	任务载荷检查	任务设备中相机、摄像机红外热成像仪等设备正常，电池电量充足
		任务设备与无人直升机电气连接检查
		开机后任务设备操控是否正常

（5）工作人员组成。

1）工作负责人。工作负责人负责全面组织巡检工作开展，负责现场飞行安全。

2）工作班成员。能力要求：本年度安规考试成绩合格，具有一定现场运行经验；作业人员应满足多旋翼无人机资格证要求，取得民航局认可的无人驾驶航空器资格证书；作业人员应熟悉掌握多旋翼无人机的组装和构成、输电线路运行规程及熟悉工作业务范围及工作内容。

职责分工：操控手：负责多旋翼无人机起降操控、设备准备、检查、撤收；程控手：负责程控多旋翼无人机飞行、遥测信息监测、设备准备、检查、航线规划、撤收；任务手：负责任务设备操作、现场环境观察、图传信息监测、设备准备、检查、撤收；地勤人员：负责针对多旋翼无人机的保养护理，不直接参与多旋翼无人机执行任务时的控制，协助工作负责人对多旋翼无人机设备进行收纳和检查。

（6）填写作业指导书。作业指导书应用黑色或蓝色的钢（水）笔或圆珠笔填写与签发；内容应正确，填写应清楚，不得任意涂改；如有个别错、漏字需要修改时，应使用规范的符号，字迹应清楚。

5. 现场准备

（1）现场复勘。作业前使用风速仪进行风力等级检测，风力大于5级及以上严禁开展巡检作业；如遇雷、雨、雪、大雨、冰雹等恶劣天气严禁作业；输电线路在跨越高速铁路两侧杆塔时，严禁多旋翼无人机巡检作业。

（2）布置作业现场。现场应使用工作围栏划分不同的功能区，功能区包括地面站操作区，多旋翼无人机起降区，工器具摆放区等，各功能区应有明显区分。各功能区应有明显区分。起降区周围应设安全围栏，禁止行人和其他无关人员逗留，特别是在起降过程中，需时刻注意保持与无关人员的安全距离。

首先选择合适的起降场地，应满足以下要求：起降场地应为不小于2m×2m大小的平整地面；巡检全过程中，起降场地与多旋翼无人机应保持通视，保证遥控、通信质量良好；起降场地周围应无高大建筑、线路或树木等障碍物，或地下电缆等干扰源；尽量避免将起降场地设在巡检线路或多旋翼无人机飞行路径下方、交通繁忙道路及人口密集区附近。

若起降区地面尘土、砂砾、树枝等杂物较多，应铺设帆布，防止多旋翼无人机起飞时杂物卷入螺旋桨面或机体内造成意外。选定起降区后，在其附近的合适位置架设地面站，架设地面站时，通信天线应确保在巡检全过程中与多旋翼无人机无遮挡，保持通信质量良好。最后现场布置应保持整洁，有序，工器具放置整齐。

6. 作业程序

（1）宣读工作单及安全注意事项（进行三交代）。

1）危险点分析，见表3-12。

表3-12　　危险点分析

√	序号	工作危险点	责任人签字
	1	起飞前未充分检查设备的各连接部分是否正常，工作中可能发生故障引起的危险	
	2	起飞前未充分检查设备的各电器控制部分是否正常，工作中可能发生故障引起危险	
	3	起飞平台地点选择不合理（地面坡度过大或地面有沙石），可能引起侧翻或损伤电机的危险	
	4	起飞前未充分检查起飞环境是否具备飞行条件，飞行中可能发生碰撞或信号干扰引起危险	
	5	起飞前未充分掌握当天天气情况是否具备飞行条件，在飞行过程中遇到影响作业的天气变化，可能导致飞行作业危险性增加	
	6	起飞前通信设备未检查，可能导致飞行中交流不畅引起危险	
	7	起飞前未检查多旋翼无人机和地面控制系统等电池电量，可能因电量不足导致飞行失控引起危险	
	8	起飞前未检查地面站软件，可能因下行链路数据不正常引起危险	
	9	起飞前未校准遥控器，导致不能准确控制多旋翼无人机可能引发危险	
	10	起飞前未校准磁力计，可能导致不能接收GPS信号而引发的危险	
	11	起飞前未检查照相和摄像设备的电量和储存卡的空间，可能因电量和储存卡的空间不足导致不能完成此次作业任务	
	12	飞行中飞控手未能准确判断多旋翼无人机与带电体的最小安全距离，而引起放电危险	
	13	飞行中作业人员存在精神或体力疲劳现象，可能引起操作失误而发生危险	
	14	飞行中作业人员未能准确判断周围环境、障碍物等，可能使飞行发生危险	
	15	飞行中地面站控制人员未能及时向飞控手准确预报数据情况，飞控手可能因飞行数据判断不准而导致误操作引发危险	

2）生产现场作业十不干、四不伤害，见表3－13。

表3－13　　生产现场作业内容

序号	内容	宣读确认	检查确认（√）
1	1. 无票的不干； 2. 工作任务、危险点不清楚的不干； 3. 危险点控制措施未落实的不干； 4. 超出作业范围未经审批的不干； 5. 未在接地保护范围内的不干； 6. 现场安全措施布置不到位、安全工器具不合格的不干； 7. 杆塔根部、基础和拉线不牢固的不干； 8. 高处作业防坠落措施不完善的不干； 9. 有限空间内气体含量未经检测或检测不合格的不干； 10. 工作负责人（专责监护人）不在现场的不干		
2	1. 不伤害他人； 2. 不伤害自己； 3. 不被别人伤害； 4. 保护他人不受伤害		

3）安全措施，见表3－14。

表3－14　　安全措施

√	序号	内容	责任人签字
	1	起飞前要认真检查设备的机体及螺旋桨是否有破损及裂纹，以及其他各连接部分均正常后才能开机	
	2	起飞前要对各个电器控制部分进行试运行一次，确认无误后才能正式飞行	
	3	起飞平台尽量选择无坡度且开阔的地面过大，尽量保持地面无杂草、沙石等；在确无合适起飞场地时可使用帆布铺设一个临时起飞平台	
	4	起飞前应充分检查起飞场地周围的环境，要避开高大树木、建筑物和微波塔起飞	
	5	起飞前充分掌握天气情况，风力大于10m/s禁止飞行（新手可控的风速在4m/s左右），雨天禁止飞行	
	6	起飞前要检查通信设备联络畅通（对讲机、耳麦等）	
	7	起飞前要检查多旋翼无人机和地面控制系统等电池电量，电量要保证能完成此次作业任务	
	8	起飞前应开机确认地面站与遥控器和多旋翼无人机的数据传输均正常才能飞行	
	9	起飞前应检查遥控器的各个控制杆杆量显示是否正常，如有问题应及时校准遥控器	
	10	起飞前检查GPS信号接收是否正常，如有问题应及时校准磁力计	
	11	起飞前检查照相和摄像设备的电量和储存卡的空间，其电量和储存卡的空间应保证能完成此次作业任务	

续表

√	序号	内容	责任人签字
	12	飞行中飞控手要密切关注多旋翼无人机的姿态应与带电体保持的最小安全距离，特殊作业时可增设辅助监视人员	
	13	飞行中作业人员要保证有良好的精神状态	
	14	飞行中作业人员要准确判断多旋翼无人机与周围环境、障碍物的距离且要留有一定的避险余地	
	15	飞行中地面站控制人员要及时向飞控手报地面站上的各项数据，若数据超标要及时提醒飞控手	

（2）操作步骤及内容，见表3-15。

表3-15　　操作步骤及内容

√	序号	作业内容	作业步骤及标准	安全措施注意事项	责任人签字
	1	多旋翼无人机检查	1. 机体检查； 2. 各连接部分检查； 3. 螺旋桨检查	1. 任何部件都没有出现裂缝； 2. 设备没有松脱的零件； 3. 螺旋桨没有折断或者损坏	
	2	起飞前环境选择	1. 起飞平台选择； 2. 起飞风速检测； 3. 起飞地点与障碍物的控制； 4. 起飞点信号干扰控制	1. 多旋翼无人机放置在平坦的地面，保证机体平稳，起飞地点尽量避免有沙石、纸屑等杂物； 2. 飞行时风速应不大于8m/s； 3. 多旋翼无人机起飞点离障碍物的距离应保持在20m以上； 4. 对GPS信号和磁力计不存在干扰，保证GPS的卫星颗数不少于12颗	
	3	起飞前电量检查	1. 多旋翼无人机动力电池电量； 2. 遥控器供电； 3. 地面站供电	1. 用电池电量显示仪对电池进行测试，多旋翼无人机电池显示参数符合起飞要求； 2. 每次飞行时一定要把遥控器电池充满电，保证不会因为电量的原因导致遥控器无法控制多旋翼无人机；遥控器的频率必须与多旋翼无人机的频率一致； 3. 携带足够的设备电池，保证地面站电脑的电池能满足该次作业的要求，不要出现在飞行过程中地面站电脑电量不足而关机的情况	
	4	起飞	1. 双摇杆外八字下拉到底，电机启动，多旋翼无人机进入起飞状态； 2. 然后将油门轻推至70%左右多旋翼无人机便可以起飞	1. 启动螺旋桨后，观察各螺旋桨的工作状态是否正常； 2. 起飞后先低空（10m左右）悬停，观察多旋翼无人机的姿态是否稳定以及地面站的各项数据是否正常； 3. 注意在飞行过程中，切不可将摇杆同时外八字下拉到底	

续表

√	序号	作业内容	作业步骤及标准	安全措施注意事项	责任人签字
	5	起飞后的控制	1. 要经常关注电量； 2. 避免在军事设施或者其他大功率辐射源附近飞行； 3. 尽量与障碍物保持一定的安全距离； 4. 飞行中的杆量控制	1. 地面站控制人员密切关注电量，一定要保证多旋翼无人机有足够的电量返回着陆，当电池电压低 40%须返航； 2. 大功率辐射源可能会对多旋翼无人机 GPS 信号干扰导致 GPS 定位精度不够影响飞行，也可能会因信号频率相进对遥控器与多旋翼无人机的信号接收造成干扰； 3. 保持足够的安全距离，才能避免因突发的阵风或 GPS 定位精度不稳定致使多旋翼无人机大幅度偏移造成事故； 4. 飞行中的杆量控制一定要柔和，不允许出现弹杆的情况，因为弹杆操作容易导致多旋翼无人机电机转速忽高忽低，影响飞行稳定性	
	6	巡视作业	1. 控制与带电导线的安全距离； 2. 控制云台与被拍摄物的夹角	1. 多旋翼无人机应与带电体保持 8m 以上的安全距离，在有风的情况下可根据风速加大安全距离的余度； 2. 根据作业任务的需求，拍摄位置的不同，视情况调整机身或云台与被拍摄物保持最佳的角度来完成作业任务	
	7	返回地面	1. 返航时杆量应柔和； 2. 降至一定高度时应保证多旋翼无人机的姿态； 3. 着陆要果断	1. 飞控手不允许使用直接大杆量减油门的方式降落，避免因下洗效应造成坠机。在降高时应采用左右横移同时降低高度的方式降落，也可以采用转圈的方式降落。 2. 当多旋翼无人机高度降到 10m 左右时要保持多旋翼无人机在飞控手的正前方以便于控制，同时杆量应柔和，让多旋翼无人机匀速下降。 3. 多旋翼无人机因地效的缘故在快要接地时会出现姿态不稳的现象（类似回弹的现象），此时应果断减油门使其降落	
	8	工作终结汇报	1. 确认所拍视频和照片符合作业任务要求； 2. 清理现场及工具，工作负责人全面检查工作完成情况，清点人数，无误后，宣布工作结束，撤离施工现场	—	
人员确认签字：					

7. 现场作业结束

工作终结后，工作负责人应及时报告工作许可人，报告方法可采用当面报告或电话报告。

编制工作终结报告，包括下列内容：工作负责人姓名、工作班组名称、工作任务（说明线路名称、巡检飞行的起止杆塔号等）已经结束，多旋翼无人机巡检系统已经回收，工作终结。已终结的工作单（单）应保存一年。

8. 标准化作业指导书执行情况评估（见表 3－16）

表 3－16　　　　标准化作业指导书执行情况评估

评估内容	符合性	优		可操作项	
		良		不可操作项	
	可操作性	优		修改项	
		良		遗漏项	
存在问题					
改进意见					

9. 设备入库

当天巡检作业结束后，应按多旋翼无人机巡检要求对外观及关键零部件进行检查和维护；清理现场，核对设备和工器具清单，确认现场无遗漏；将电池取出，并按要求进行保管。

对于多旋翼无人机自主巡检作业，应对作业航线进行检查、分析，若有调整应及时更新航线数据库中对应信息。库房管理人员依据归还清单上所列的名称、数量、型号进行核对、清点，并检查好设备的质量，做到数量、规格准确无误，质量完好无损，配套齐全，经检查合格后，领用人在签收单上签字后，方可入库。

10. 班后会及工作总结

对巡检杆塔的数量、巡检照片的数量进行审核，对发现的缺陷进行命名，并按照多旋翼无人机缺陷管理规定进行统计和上报。对多旋翼无人机精细化巡检影像资料及数据进行归档整理；对多旋翼无人机红外测温影像资料进行归档和分析，存在温度异常及时上报；填写班后会记录；对工作单进行审核及归档、备查。

（三）无人机巡检影像资料判识与处理

1. 日常巡检影像编辑要求

交流线路单回直线酒杯塔影像资料编辑，直线塔不少于 20 张，耐张塔有跳线串不少于 36 张，耐张塔无跳线串不少于 27 张；

交流线路同塔双回直线影像资料编辑，直线塔单侧不少于 17 张，耐张塔单侧无跳线串不少于 26 张、耐张塔单侧有跳线串不少于 35 张；

交流线路单回直线猫头塔影像资料编辑，直线塔不少于 18 张；

直流线路双回直线塔影像资料编辑，直线塔单侧不少于 13 张，耐张塔有跳线串不少于 17 张，耐张塔无跳线串不少于 14 张；

交流线路单回换位塔影像资料编辑，耐张塔有跳线串不少于 45 张，耐张塔无跳线串不少于 27 张。

（注：个别杆塔安装跳线串个数有变，按照实际统计为准。）

2. 巡检路径规划

（1）巡检拍摄要求。

1）典型塔型路径规划与拍摄方式，见图 3－3～图 3－13 与表 3－17～表 3－27。

① 拍摄内容。

直线塔：塔全貌、塔头、塔身、杆号牌、塔基、绝缘子、绝缘子碗头销、保护金具、铁塔挂点金具、导线线夹、各挂扳、联板等金具、碗头挂板销、地线线夹、接地引下钱连接金具、挂板、小号侧通道、大号侧通道。

耐张塔：塔全貌、塔头、塔身、杆号牌、塔基、调整板、挂板等金具、导线耐张线夹、各挂板、联板、防振锤等金具、每片绝缘子表面及连接情况、地线耐张线夹、接地引下钱连接金具、防振锤、挂板、绝缘子碗头销、铁塔挂点金具、碗头挂板销、引流线夹、联板、重锤等金具、引流线、引流线绝缘子、间隔棒、小号侧通道、大号侧通道。

② 拍摄基本原则。

面向大号侧先左后右，从下至上（对侧从上至下），先小号侧后大号侧。有条件的单位，应根据输电设备结构选择合适的拍摄位置，并固化作业点，建立标准化航线库。航线库应包括线路名称、杆塔号、杆塔类型、布线型式、杆塔地理坐标、作业点成像参数等信息。

直线塔拍摄原则如下。

单回直线塔：面向大号侧先拍左相再拍中相后拍右相，先拍小号侧后拍大号侧。

双回直线塔：面向大号侧先拍左回后拍右回，先拍下相再拍中相后拍上相（对侧先拍上相再拍中相后拍下相，∩型顺序拍摄），先拍小号侧后拍大号侧。

耐张塔拍摄原则：

单回耐张塔：面向大号侧先拍左相再拍中相后拍右相，先拍小号侧再拍跳线串后拍大号侧。小号侧先拍导线端后拍横担端，跳线串先拍横担端后拍导线端，大号侧先拍横担端后拍导线端。

双回耐张塔：面向大号侧先拍左回后拍右回，先拍下相再拍中相后拍上相（对侧先拍上相再拍中相后拍下相，∩型顺序拍摄），先拍小号侧再拍跳线后拍大号侧，小号侧先拍导线端后拍横担端，跳线串先拍横担端后拍导线端，大号侧先拍横担端后拍导线端。

③ 具体拍摄内容。

a. 交流线路单回直线酒杯塔。

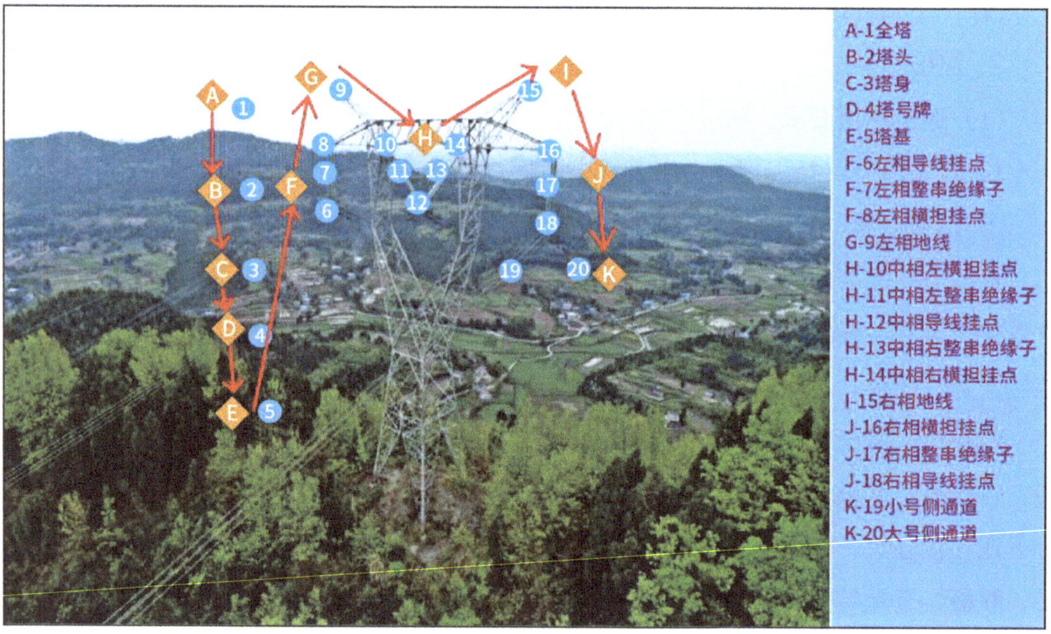

图 3-3　交流线路单回直酒杯塔无人机巡检路径

表 3-17　　交流线路单回直线酒杯塔无人机巡检拍摄规则

无人机悬停区域	拍摄部位编号	拍摄部位	无人机拍摄位置	拍摄角度	拍摄质量要求
A	1	塔全貌	从杆塔远处，并高于杆塔，杆塔完全在影像画面里	俯视	塔全貌完整，能够清晰分辨塔材和杆塔角度，主体上下占比不低于全幅 80%
B	2	塔头	从杆塔斜上方拍摄	俯视	能够完整看到杆塔塔头
C	3	塔身	杆塔斜上方，略低于塔头拍摄高度	平/俯视	能够看到除塔头及塔基部位的其他结构全貌
D	4	杆号牌	无人机镜头平视或俯视拍摄塔号牌	平/俯视	能清晰分辨杆号牌上线路双重名称
E	5	塔基	走廊正面或侧面面向塔基俯视拍摄	俯视	能够看清塔基附近地面情况，拉线是否连接牢靠
F	6	左相导线端挂点	面向金具锁紧销安装侧，拍摄金具整体	平/俯视	能够清晰分辨螺栓、螺母、锁紧销等小尺寸金具及防振锤。设备相互遮挡时，采取多角度拍摄。每张照片至少包含一片绝缘子

续表

无人机悬停区域	拍摄部位编号	拍摄部位	无人机拍摄位置	拍摄角度	拍摄质量要求
F	7	左相绝缘子串	正对绝缘子串，在其中心点以上位置拍摄	平视	需覆盖绝缘子整串，可拍多张照片，最终能够清晰分辨绝缘子片表面损痕和每片绝缘子连接情况
F	8	左相横担挂点	与挂点高度平行，小角度斜侧方拍摄	平/俯视	能够清晰分辨螺栓、螺母、锁紧销等小尺寸金具。设备相互遮挡时，采取多角度拍摄。每张照片至少包含一片绝缘子
G	9	左侧地线	高度与地线挂点平行或以不大于 30° 角度俯视，小角度斜侧方拍摄	平/俯/仰视	能够判断各类金具的组合安装状态，与地线接触位置铝包带安装状态，清晰分辨锁紧位置的螺母销级物件。设备相互遮挡时，采取多角度拍摄
H	10	中相左横担挂点	与挂点高度平行，小角度斜侧方拍摄	平视	能够清晰分辨螺栓、螺母、锁紧销等小尺寸金具。设备相互遮挡时，采取多角度拍摄。每张照片至少包含一片绝缘子
H	11	中相左绝缘子串	正对绝缘子串，在其中心点以上位置拍摄	平视	需覆盖绝缘子整串，可拍多张照片，最终能够清晰分辨绝缘子片表面损痕和每片绝缘子连接情况
H	12	中相导线端挂点	与挂点高度平行，小角度斜侧方拍摄	平视	能够清晰分辨螺栓、螺母、锁紧销等小尺寸金具及防振锤。设备相互遮挡时，采取多角度拍摄。每张照片至少包含一片绝缘子
H	13	中相右绝缘子串	正对绝缘子串，在其中心点以上位置拍摄	平视	需覆盖绝缘子整串，可拍多张照片，最终能够清晰分辨绝缘子片表面损痕和每片绝缘子连接情况
H	14	中相右横担挂点	正对横担挂点位置拍摄	平/俯视	能够清晰分辨挂点锁紧销等金具
I	15	右侧地线	高度与地线挂点平行或以不大于 30° 角度俯视，小角度斜侧方拍摄	俯视	能够判断各类金具的组合安装状态，与地线接触位置铝包带安装状态，清晰分辨锁紧位置的螺母销级物件。设备相互遮挡时，采取多角度拍摄
J	16	右相横担处挂点	与挂点高度平行，小角度斜侧方拍摄	平视	能够清晰分辨螺栓、螺母、锁紧销等小尺寸金具。设备相互遮挡时，采取多角度拍摄。每张照片至少包含一片绝缘子
J	17	右相绝缘子串	正对绝缘子串，在其中心点以上位置拍摄	平视	需覆盖绝缘子整串，如无法覆盖则至多分两段拍摄，最终能够清晰分辨绝缘子片表面损痕和每片绝缘子连接情况
J	18	右相导线端挂点	与挂点高度平行，小角度斜侧方拍摄	平视	能够清晰分辨螺栓、螺母、锁紧销等小尺寸金具及防振锤。设备相互遮挡时，采取多角度拍摄。每张照片至少包含一片绝缘子
K	19	小号侧通道	塔身侧方位置先小号通道，后大号通道	平视	能够清晰完整看到杆塔的通道情况，如建筑物、树木、交叉、跨越的线路等
K	20	大号侧通道	塔身侧方位置先小号通道，后大号通道	平视	能够清晰完整看到杆塔的通道情况，如建筑物、树木、交叉、跨越的线路等

注：拍摄角度和拍摄图片张数以能够清晰展示所需细节为目标，根据实际作业环境可做适当调整。

b. 交流单回直线猫头塔。

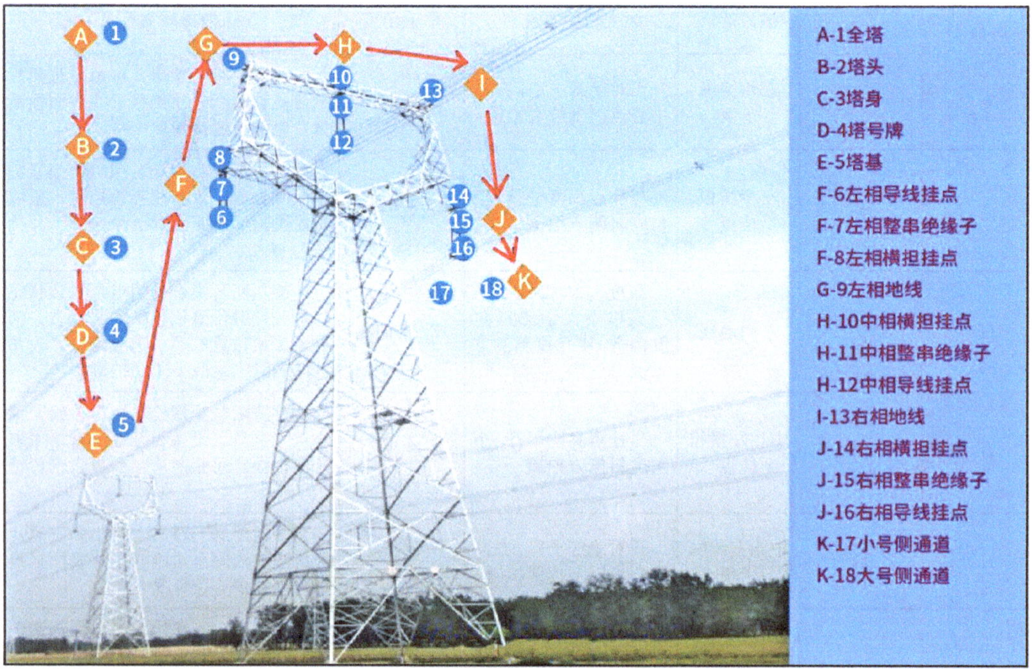

图 3-4　交流单回直线猫头塔无人机巡检路径

表 3-18　　交流线路单回直线猫头塔无人机巡检拍摄规则

拍摄部位编号	拍摄部位	无人机拍摄位置	拍摄角度	拍摄质量要求
1	塔全貌	从杆塔远处，并高于杆塔，杆塔完全在影像画面里	俯视	塔全貌完整，能够清晰分辨塔材和杆塔角度，主体上下占比不低于全幅80%
2	塔头	从杆塔斜上方拍摄	俯视	能够完整看到杆塔塔头
3	塔身	杆塔斜上方，略低于塔头拍摄高度	平/俯视	能够看到除塔头及塔基部位的其他结构全貌
4	杆号牌	无人机镜头平视或俯视拍摄塔号牌	平/俯视	能清晰分辨杆号牌上线路双重名称
5	塔基	走廊正面或侧面面向塔基俯视拍摄	俯视	能够看清塔基附近地面情况，拉线是否连接牢靠
6	左相导线端挂点	面向金具锁紧销安装侧，拍摄金具整体	平/俯视	能够清晰分辨螺栓、螺母、锁紧销等小尺寸金具及防振锤。设备相互遮挡时，采取多角度拍摄。每张照片至少包含一片绝缘子
7	左相绝缘子串	正对绝缘子串，在其中心点以上位置拍摄	平视	需覆盖绝缘子整串，可拍多张照片，最终能够清晰分辨绝缘子片表面损痕和每片绝缘子连接情况

续表

拍摄部位编号	拍摄部位	无人机拍摄位置	拍摄角度	拍摄质量要求
8	左相横担挂点	与挂点高度平行，小角度斜侧方拍摄	平/俯视	能够清晰分辨螺栓、螺母、锁紧销等小尺寸金具。设备相互遮挡时，采取多角度拍摄。每张照片至少包含一片绝缘子
9	左侧地线	高度与地线挂点平行或以不大于30°角度俯视，小角度斜侧方拍摄	平/俯/仰视	能够判断各类金具的组合安装状态，与地线接触位置铝包带安装状态，清晰分辨锁紧位置的螺母销级物件。设备相互遮挡时，采取多角度拍摄
10	中相横担挂点	与挂点高度平行，小角度斜侧方拍摄	平视	能够清晰分辨螺栓、螺母、锁紧销等小尺寸金具。设备相互遮挡时，采取多角度拍摄。每张照片至少包含一片绝缘子
11	中相绝缘子串	正对绝缘子串，在其中心点以上位置拍摄	平视	需覆盖绝缘子整串，可拍多张照片，最终能够清晰分辨绝缘子片表面损痕和每片绝缘子连接情况
12	中相导线端挂点	与挂点高度平行，小角度斜侧方拍摄	平视	能够清晰分辨螺栓、螺母、锁紧销等小尺寸金具及防振锤。设备相互遮挡时，采取多角度拍摄。每张照片至少包含一片绝缘子
13	右侧地线	高度与地线挂点平行或以不大于30°角度俯视，小角度斜侧方拍摄	俯视	能够判断各类金具的组合安装状态，与地线接触位置铝包带安装状态，清晰分辨锁紧位置的螺母销级物件。设备相互遮挡时，采取多角度拍摄
14	右相横担处挂点	与挂点高度平行，小角度斜侧方拍摄	平视	能够清晰分辨螺栓、螺母、锁紧销等小尺寸金具。设备相互遮挡时，采取多角度拍摄。每张照片至少包含一片绝缘子
15	右相绝缘子串	正对绝缘子串，在其中心点以上位置拍摄	平视	需覆盖绝缘子整串，如无法覆盖则至多分两段拍摄，最终能够清晰分辨绝缘子片表面损痕和每片绝缘子连接情况
16	右相导线端挂点	与挂点高度平行，小角度斜侧方拍摄	平视	能够清晰分辨螺栓、螺母、锁紧销等小尺寸金具及防振锤。设备相互遮挡时，采取多角度拍摄。每张照片至少包含一片绝缘子
17	小号侧通道	塔身侧方位置先小号通道，后大号通道	平视	能够清晰完整看到杆塔的通道情况，如建筑物、树木、交叉、跨越的线路等
18	大号侧通道	塔身侧方位置先小号通道，后大号通道	平视	能够清晰完整看到杆塔的通道情况，如建筑物、树木、交叉、跨越的线路等

c. 直流线路单回直线塔。

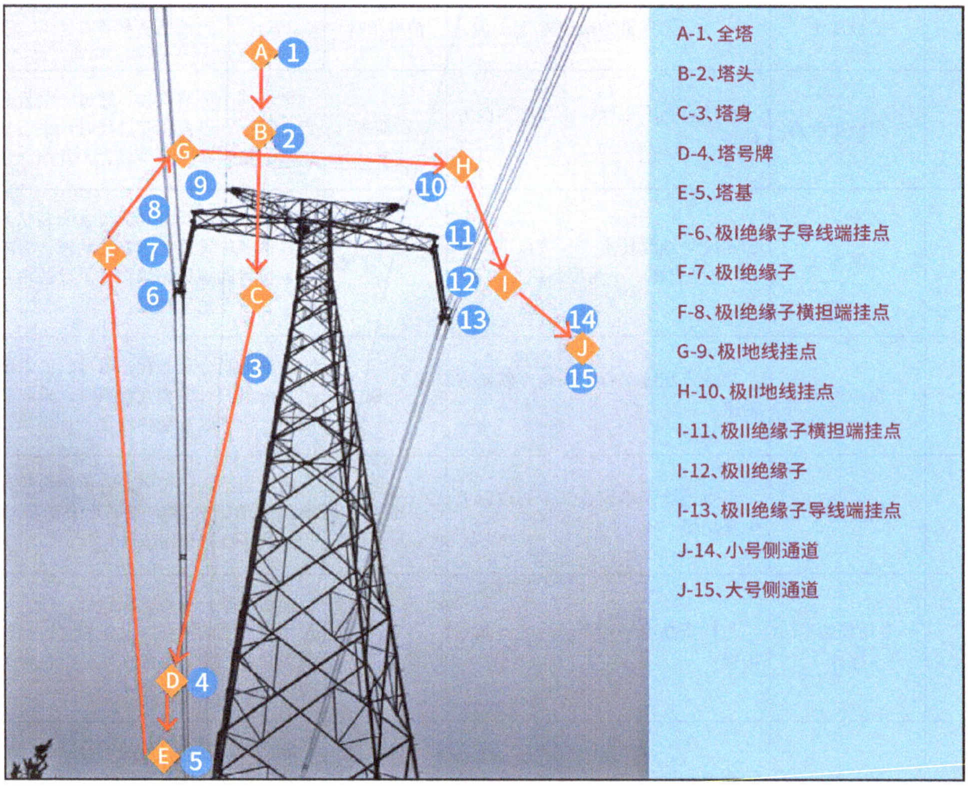

图 3-5　直流线路单回直线塔无人巡检路径规划

表 3-19　　　　直流线路单回直线塔无人机巡检拍摄规则

无人机悬停区域	拍摄部位编号	拍摄部位	无人机拍摄位置	拍摄角度	拍摄质量要求
A	1	塔全貌	从杆塔远处，并高于杆塔，杆塔完全在影像画面里	俯视	塔全貌完整，能够清晰分辨塔材和杆塔角度，主体上下占比不低于全幅 80%
B	2	塔头	从杆塔斜上方拍摄	俯视	能够完整看到杆塔塔头
C	3	塔身	杆塔斜上方，略低于塔头拍摄高度	平/俯视	能够看到除塔头及塔基部位的其他结构全貌
D	4	杆号牌	无人机镜头平视或俯视拍摄塔号牌	平/俯视	能清晰分辨杆号牌上线路双重名称
E	5	塔基	走廊正面或侧面面向塔基俯视拍摄	俯视	能够看清塔基附近地面情况

续表

无人机悬停区域	拍摄部位编号	拍摄部位	无人机拍摄位置	拍摄角度	拍摄质量要求
F	6	极Ⅰ绝缘子导线端挂点	面向金具锁紧销安装侧，拍摄金具整体	平/俯视	能够清晰分辨螺栓、螺母、锁紧销等小尺寸金具及防振锤。设备相互遮挡时，采取多角度拍摄。每张照片至少包含一片绝缘子
F	7	极Ⅰ绝缘子	正对绝缘子串，在其中心点以上位置拍摄	平视	需覆盖绝缘子整串，可拍多张照片，最终能够清晰分辨绝缘子片表面损痕和每片绝缘子连接情况
F	8	极Ⅰ绝缘子横担端挂点	与挂点高度平行，小角度斜侧方拍摄	平/俯视	能够清晰分辨螺栓、螺母、锁紧销等小尺寸金具。设备相互遮挡时，采取多角度拍摄。每张照片至少包含一片绝缘子
G	9	极Ⅰ地线挂点	高度与地线挂点平行或以不大于 30° 角度俯视，小角度斜侧方拍摄	平/俯/仰视	能够判断各类金具的组合安装状态，与地线接触位置铝包带安装状态，清晰分辨锁紧位置的螺母销级物件。设备相互遮挡时，采取多角度拍摄
H	10	极Ⅱ地线挂点	高度与地线挂点平行或以不大于 30° 角度俯视，小角度斜侧方拍摄	平/俯/仰视	能够判断各类金具的组合安装状态，与地线接触位置铝包带安装状态，清晰分辨锁紧位置的螺母销级物件。设备相互遮挡时，采取多角度拍摄
I	11	极Ⅱ绝缘子横担端挂点	与挂点高度平行，小角度斜侧方拍摄	平/俯视	能够清晰分辨螺栓、螺母、锁紧销等小尺寸金具。设备相互遮挡时，采取多角度拍摄。每张照片至少包含一片绝缘子
I	12	极Ⅱ绝缘子	正对绝缘子串，在其中心点以上位置拍摄	平视	需覆盖绝缘子整串，可拍多张照片，最终能够清晰分辨绝缘子片表面损痕和每片绝缘子连接情况
I	13	极Ⅱ绝缘子导线端挂点	面向金具锁紧销安装侧，拍摄金具整体	平/俯视	能够清晰分辨螺栓、螺母、锁紧销等小尺寸金具及防振锤。设备相互遮挡时，采取多角度拍摄。每张照片至少包含一片绝缘子
J	14	小号侧通道	塔身侧方位置拍摄小号通道	平视	能够清晰完整看到杆塔的通道情况，如建筑物、树木、交叉、跨越的线路等
J	15	大号侧通道	塔身侧方位置拍摄大号通道	平视	能够清晰完整看到杆塔的通道情况，如建筑物、树木、交叉、跨越的线路等

注：拍摄角度和拍摄图片张数以能够清晰展示所需细节为目标，根据实际作业环境可做适当调整。

d. 直流线路单回耐张塔。

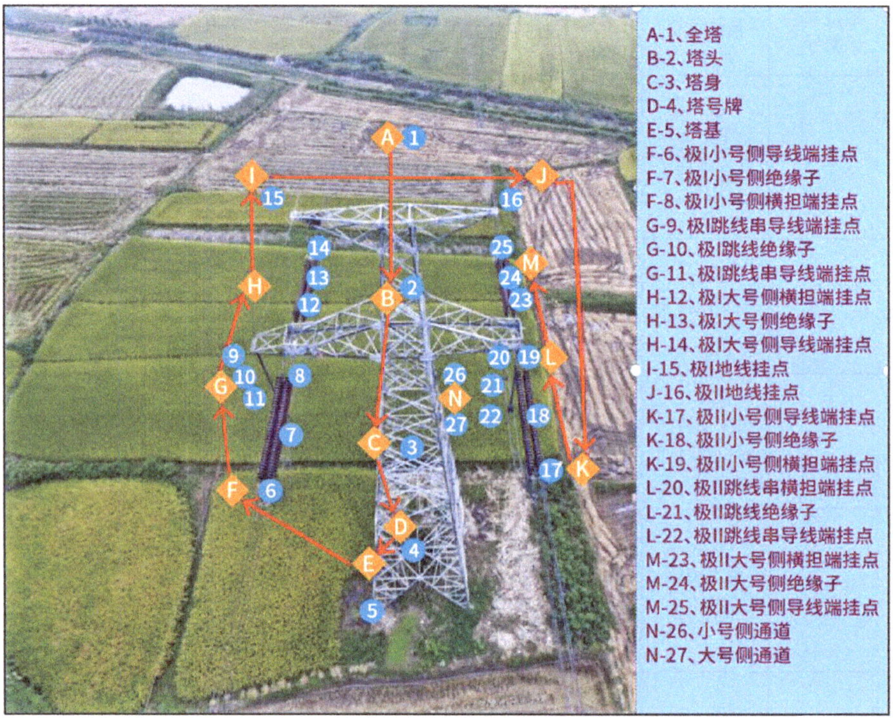

图 3－6　直流单回耐张塔无人机巡检路径规划

表 3－20　　直流线路单回耐张塔无机巡检拍摄规划

无人机悬停区域	拍摄部位编号	拍摄部位	无人机拍摄位置	拍摄角度	拍摄质量要求
A	1	塔全貌	从杆塔远处，并高于杆塔，杆塔完全在影像画面里	俯视	塔全貌完整，能够清晰分辨塔材和杆塔角度，主体上下占比不低于全幅 80%
B	2	塔头	从杆塔斜上方拍摄	俯视	能够完整看到杆塔塔头
C	3	塔身	杆塔斜上方，略低于塔头拍摄高度	平/俯视	能够看到除塔头及塔基部位的其他结构全貌
D	4	杆号牌	无人机镜头平视或俯视拍摄塔号牌	平/俯视	能清晰分辨杆号牌上线路双重名称
E	5	塔基	走廊正面或侧面面向塔基俯视拍摄	俯视	能够看清塔基附近地面情况
F	6	极 I 小号侧导线端挂点	面向金具锁紧销安装侧，拍摄金具整体	平/俯视	能够清晰分辨螺栓、螺母、锁紧销等小尺寸金具及防振锤。设备相互遮挡时，采取多角度拍摄。每张照片至少包含一片绝缘子
F	7	极 I 小号侧绝缘子	正对绝缘子串，在其中心点以上位置拍摄	平视	需覆盖绝缘子整串，可拍多张照片，最终能够清晰分辨绝缘子片表面损痕和每片绝缘子连接情况

续表

无人机悬停区域	拍摄部位编号	拍摄部位	无人机拍摄位置	拍摄角度	拍摄质量要求
F	8	极Ⅰ小号侧横担端挂点	与挂点高度平行，小角度斜侧方拍摄	平/俯视	能够清晰分辨螺栓、螺母、锁紧销等小尺寸金具。设备相互遮挡时，采取多角度拍摄。每张照片至少包含一片绝缘子
G	9	极Ⅰ跳线串横担端挂点	与挂点高度平行，小角度斜侧方拍摄	平/俯视	能够清晰分辨螺栓、螺母、锁紧销等小尺寸金具。设备相互遮挡时，采取多角度拍摄。每张照片至少包含一片绝缘子
G	10	极Ⅰ跳线绝缘子	正对绝缘子串，在其中心点以上位置拍摄	平视	需覆盖绝缘子整串，可拍多张照片，最终能够清晰分辨绝缘子片表面损痕和每片绝缘子连接情况
G	11	极Ⅰ跳线串导线端挂点	面向金具锁紧销安装侧，拍摄金具整体	平/俯视	能够清晰分辨螺栓、螺母、锁紧销等小尺寸金具及防振锤。设备相互遮挡时，采取多角度拍摄。每张照片至少包含一片绝缘子
H	12	极Ⅰ大号侧横担端挂点	与挂点高度平行，小角度斜侧方拍摄	平/俯视	能够清晰分辨螺栓、螺母、锁紧销等小尺寸金具。设备相互遮挡时，采取多角度拍摄。每张照片至少包含一片绝缘子
H	13	极Ⅰ大号侧绝缘子	正对绝缘子串，在其中心点以上位置拍摄	平视	需覆盖绝缘子整串，可拍多张照片，最终能够清晰分辨绝缘子片表面损痕和每片绝缘子连接情况
H	14	极Ⅰ大号侧导线端挂点	面向金具锁紧销安装侧，拍摄金具整体	平/俯视	能够清晰分辨螺栓、螺母、锁紧销等小尺寸金具及防振锤。设备相互遮挡时，采取多角度拍摄。每张照片至少包含一片绝缘子
I	15	极Ⅰ地线挂点	高度与地线挂点平行或以不大于30°角度俯视，小角度斜侧方拍摄	平/俯/仰视	能够判断各类金具的组合安装状态，与地线接触位置铝包带安装状态，清晰分辨锁紧位置的螺母销级物件。设备相互遮挡时，采取多角度拍摄
J	16	极Ⅱ地线挂点	高度与地线挂点平行或以不大于30°角度俯视，小角度斜侧方拍摄	平/俯/仰视	能够判断各类金具的组合安装状态，与地线接触位置铝包带安装状态，清晰分辨锁紧位置的螺母销级物件。设备相互遮挡时，采取多角度拍摄
K	17	极Ⅱ小号侧导线端挂点	面向金具锁紧销安装侧，拍摄金具整体	平/俯视	能够清晰分辨螺栓、螺母、锁紧销等小尺寸金具及防振锤。设备相互遮挡时，采取多角度拍摄。每张照片至少包含一片绝缘子
K	18	极Ⅱ小号侧绝缘子	正对绝缘子串，在其中心点以上位置拍摄	平视	需覆盖绝缘子整串，可拍多张照片，最终能够清晰分辨绝缘子片表面损痕和每片绝缘子连接情况
K	19	极Ⅱ小号侧横担端挂点	与挂点高度平行，小角度斜侧方拍摄	平/俯视	能够清晰分辨螺栓、螺母、锁紧销等小尺寸金具。设备相互遮挡时，采取多角度拍摄。每张照片至少包含一片绝缘子
L	20	极Ⅱ跳线串横担端挂点	与挂点高度平行，小角度斜侧方拍摄	平/俯视	能够清晰分辨螺栓、螺母、锁紧销等小尺寸金具。设备相互遮挡时，采取多角度拍摄。每张照片至少包含一片绝缘子

续表

无人机悬停区域	拍摄部位编号	拍摄部位	无人机拍摄位置	拍摄角度	拍摄质量要求
L	21	极Ⅱ跳线绝缘子	正对绝缘子串，在其中心点以上位置拍摄	平视	需覆盖绝缘子整串，可拍多张照片，最终能够清晰分辨绝缘子片表面损痕和每片绝缘子连接情况
L	22	极Ⅱ跳线串导线端挂点	面向金具锁紧销安装侧，拍摄金具整体	平/俯视	能够清晰分辨螺栓、螺母、锁紧销等小尺寸金具及防振锤。设备相互遮挡时，采取多角度拍摄。每张照片至少包含一片绝缘子
M	23	极Ⅱ大号侧横担端挂点	与挂点高度平行，小角度斜侧方拍摄	平/俯视	能够清晰分辨螺栓、螺母、锁紧销等小尺寸金具。设备相互遮挡时，采取多角度拍摄。每张照片至少包含一片绝缘子
M	24	极Ⅱ大号侧绝缘子	正对绝缘子串，在其中心点以上位置拍摄	平视	需覆盖绝缘子整串，可拍多张照片，最终能够清晰分辨绝缘子片表面损痕和每片绝缘子连接情况
M	25	极Ⅱ大号侧导线端挂点	面向金具锁紧销安装侧，拍摄金具整体	平/俯视	能够清晰分辨螺栓、螺母、锁紧销等小尺寸金具及防振锤。设备相互遮挡时，采取多角度拍摄。每张照片至少包含一片绝缘子
N	26	小号侧通道	塔身侧方位置拍摄小号通道	平视	能够清晰完整看到杆塔的通道情况，如建筑物、树木、交叉、跨越的线路等
N	27	大号侧通道	塔身侧方位置拍摄大号通道	平视	能够清晰完整看到杆塔的通道情况，如建筑物、树木、交叉、跨越的线路等

注：拍摄角度和拍摄图片张数以能够清晰展示所需细节为目标，根据实际作业环境可做适当调整。

e. 交流线路双回直线塔。

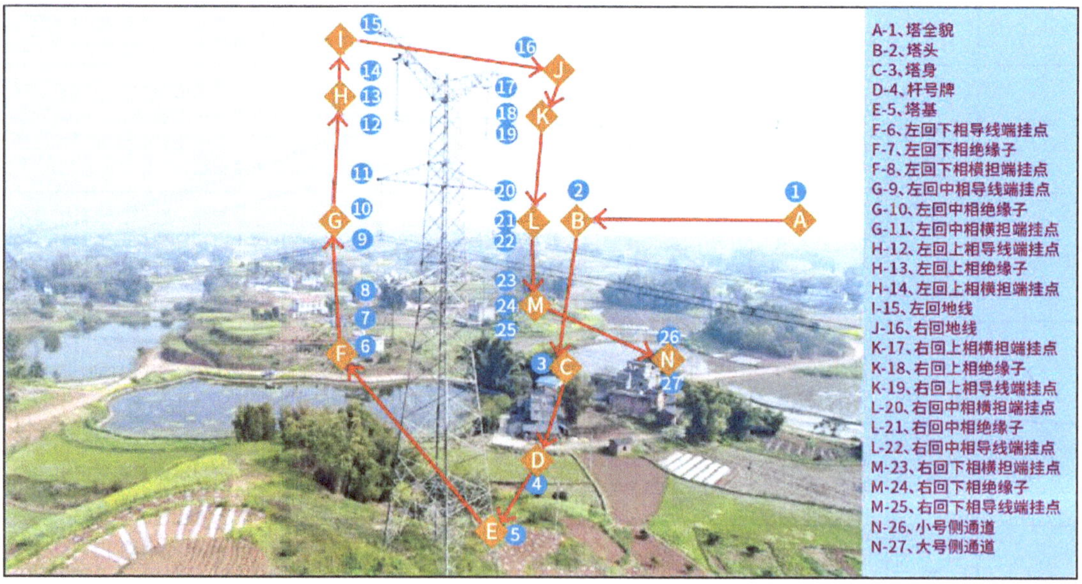

图 3－7　交流线路双回直线塔无人机巡检路径规划

表 3-21　　交流线路双回直线塔无人机巡检拍规则

无人机悬停区域	拍摄部位编号	拍摄部位	无人机拍摄位置	拍摄角度	拍摄质量要求
A	1	塔全貌	从杆塔远处，并高于杆塔，杆塔完全在影像画面里	俯视	塔全貌完整，能够清晰分辨塔材和杆塔角度，主体上下占比不低于全幅80%
B	2	塔头	从杆塔斜上方拍摄	俯视	能够完整看到杆塔塔头
C	3	塔身	杆塔斜上方，略低于塔头拍摄高度	平/俯视	能够看到除塔头及塔基部位的其他结构全貌
D	4	杆号牌	无人机镜头平视或俯视拍摄塔号牌	平/俯视	能清晰分辨杆号牌上线路双重名称
E	5	塔基	走廊正面或侧面面向塔基俯视拍摄	俯视	能够看清塔基附近地面情况
F	6	左回下相导线端挂点	面向金具锁紧销安装侧，拍摄金具整体	平/俯视	能够清晰分辨螺栓、螺母、锁紧销等小尺寸金具及防振锤。设备相互遮挡时，采取多角度拍摄。每张照片至少包含一片绝缘子
F	7	左回下相绝缘子	正对绝缘子串，在其中心点以上位置拍摄	平视	需覆盖绝缘子整串，可拍多张照片，最终能够清晰分辨绝缘子片表面损痕和每片绝缘子连接情况
F	8	左回下相横担端挂点	与挂点高度平行，小角度斜侧方拍摄	平/俯视	能够清晰分辨螺栓、螺母、锁紧销等小尺寸金具。设备相互遮挡时，采取多角度拍摄。每张照片至少包含一片绝缘子
G	9	左回中相导线端挂点	面向金具锁紧销安装侧，拍摄金具整体	平/俯视	能够清晰分辨螺栓、螺母、锁紧销等小尺寸金具及防振锤。设备相互遮挡时，采取多角度拍摄。每张照片至少包含一片绝缘子
G	10	左回中相绝缘子	正对绝缘子串，在其中心点以上位置拍摄	平视	需覆盖绝缘子整串，可拍多张照片，最终能够清晰分辨绝缘子片表面损痕和每片绝缘子连接情况
G	11	左回中相横担端挂点	与挂点高度平行，小角度斜侧方拍摄	平/俯视	能够清晰分辨螺栓、螺母、锁紧销等小尺寸金具。设备相互遮挡时，采取多角度拍摄。每张照片至少包含一片绝缘子
H	12	左回上相导线端挂点	面向金具锁紧销安装侧，拍摄金具整体	平/俯视	能够清晰分辨螺栓、螺母、锁紧销等小尺寸金具及防振锤。设备相互遮挡时，采取多角度拍摄。每张照片至少包含一片绝缘子
H	13	左回上相绝缘子	正对绝缘子串，在其中心点以上位置拍摄	平视	需覆盖绝缘子整串，可拍多张照片，最终能够清晰分辨绝缘子片表面损痕和每片绝缘子连接情况
H	14	左回上相横担端挂点	与挂点高度平行，小角度斜侧方拍摄	平/俯视	能够清晰分辨螺栓、螺母、锁紧销等小尺寸金具。设备相互遮挡时，采取多角度拍摄。每张照片至少包含一片绝缘子
I	15	左回地线	高度与地线挂点平行或以不大于30°角度俯视，小角度斜侧方拍摄	平/俯/仰视	能够判断各类金具的组合安装状态，与地线接触位置铝包带安装状态，清晰分辨锁紧位置的螺母销级物件。设备相互遮挡时，采取多角度拍摄

续表

无人机悬停区域	拍摄部位编号	拍摄部位	无人机拍摄位置	拍摄角度	拍摄质量要求
J	16	右回地线	高度与地线挂点平行或以不大于 30° 角度俯视，小角度斜侧方拍摄	平/俯/仰视	能够判断各类金具的组合安装状态，与地线接触位置铝包带安装状态，清晰分辨锁紧位置的螺母销级物件。设备相互遮挡时，采取多角度拍摄
K	17	右回上相横担端挂点	与挂点高度平行，小角度斜侧方拍摄	平/俯视	能够清晰分辨螺栓、螺母、锁紧销等小尺寸金具。设备相互遮挡时，采取多角度拍摄。每张照片至少包含一片绝缘子
K	18	右回上相绝缘子	正对绝缘子串，在其中心点以上位置拍摄	平视	需覆盖绝缘子整串，可拍多张照片，最终能够清晰分辨绝缘子片表面损痕和每片绝缘子连接情况
K	19	右回上相导线端挂点	面向金具锁紧销安装侧，拍摄金具整体	平/俯视	能够清晰分辨螺栓、螺母、锁紧销等小尺寸金具及防振锤。设备相互遮挡时，采取多角度拍摄。每张照片至少包含一片绝缘子
L	20	右回中相横担端挂点	与挂点高度平行，小角度斜侧方拍摄	平/俯视	能够清晰分辨螺栓、螺母、锁紧销等小尺寸金具。设备相互遮挡时，采取多角度拍摄。每张照片至少包含一片绝缘子
L	21	右回中相绝缘子	正对绝缘子串，在其中心点以上位置拍摄	平视	需覆盖绝缘子整串，可拍多张照片，最终能够清晰分辨绝缘子片表面损痕和每片绝缘子连接情况
L	22	右回中相导线端挂点	面向金具锁紧销安装侧，拍摄金具整体	平/俯视	能够清晰分辨螺栓、螺母、锁紧销等小尺寸金具及防振锤。设备相互遮挡时，采取多角度拍摄。每张照片至少包含一片绝缘子
M	23	右回下相横担端挂点	与挂点高度平行，小角度斜侧方拍摄	平/俯视	能够清晰分辨螺栓、螺母、锁紧销等小尺寸金具。设备相互遮挡时，采取多角度拍摄。每张照片至少包含一片绝缘子
M	24	右回下相绝缘子	正对绝缘子串，在其中心点以上位置拍摄	平视	需覆盖绝缘子整串，可拍多张照片，最终能够清晰分辨绝缘子片表面损痕和每片绝缘子连接情况
M	25	右回下相导线端挂点	面向金具锁紧销安装侧，拍摄金具整体	平/俯视	能够清晰分辨螺栓、螺母、锁紧销等小尺寸金具及防振锤。设备相互遮挡时，采取多角度拍摄。每张照片至少包含一片绝缘子
N	26	小号侧通道	塔身侧方位置拍摄小号通道	平视	能够清晰完整看到杆塔的通道情况，如建筑物、树木、交叉、跨越的线路等
N	27	大号侧通道	塔身侧方位置拍摄大号通道	平视	能够清晰完整看到杆塔的通道情况，如建筑物、树木、交叉、跨越的线路等

注：拍摄角度和拍摄图片张数以能够清晰展示所需细节为目标，根据实际作业环境可作适当调整。

f. 交流线路双回耐张塔（直流双回耐张塔参照执行）。

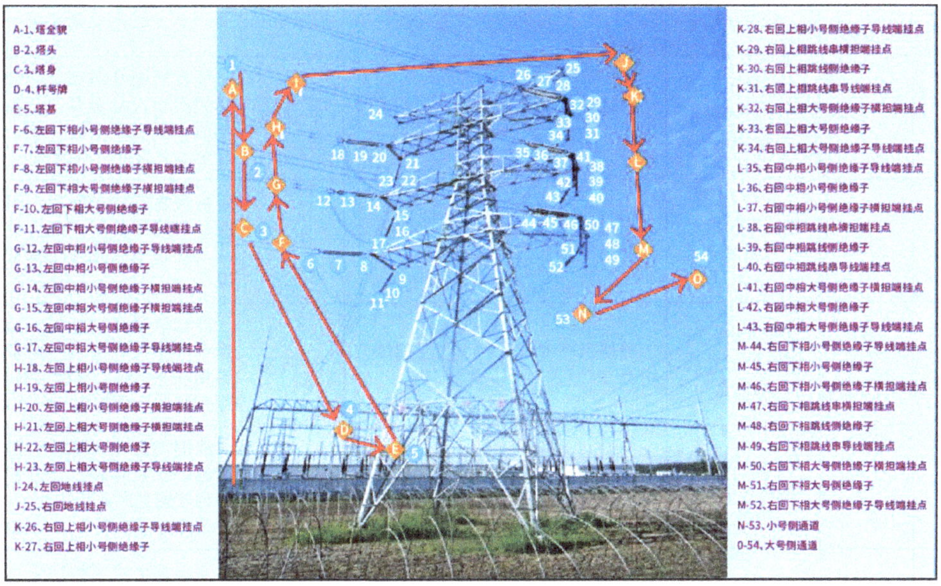

图 3－8 交流线路双回耐张塔无人机巡检路径规划

表 3－22　　　　交流线路双回耐张塔无人机巡检拍摄规则

无人机悬停区域	拍摄部位编号	拍摄部位	无人机拍摄位置	拍摄角度	拍摄质量要求
A	1	塔全貌	从杆塔远处，并高于杆塔，杆塔完全在影像画面里	平/俯视	塔全貌完整，能够清晰分辨塔材和杆塔角度，主体上下占比不低于全幅 80%
B	2	塔头	从杆塔斜上方拍摄	平/俯视	能够完整看到杆塔塔头
C	3	塔身	杆塔斜上方，略低于塔头拍摄高度	平/俯视	能够看到除塔头及塔基部位的其他结构全貌
D	4	杆号牌	无人机镜头平视或俯视拍摄塔号牌	平/俯视	能清晰分辨杆号牌上线路双重名称
E	5	塔基	走廊正面或侧面面向塔基俯视拍摄	俯视	能够看清塔基附近地面情况，拉线是否连接牢靠
F	6	左回下相小号侧绝缘子导线端挂点	面向金具锁紧销安装侧，拍摄金具整体	平/俯视	能够清晰分辨螺栓、螺母、锁紧销等小尺寸金具及防振锤。设备相互遮挡时，采取多角度拍摄。每张照片至少包含一片绝缘子
F	7	左回下相小号侧绝缘子	正对绝缘子串，在其中心点以上位置拍摄	平视	需覆盖绝缘子整串，可拍多张照片，最终能够清晰分辨绝缘子片表面损痕和每片绝缘子连接情况
F	8	左回下相小号侧绝缘子横担端挂点	与挂点高度平行，小角度斜侧方拍摄	平/俯视	能够清晰分辨螺栓、螺母、锁紧销等小尺寸金具。设备相互遮挡时，采取多角度拍摄。每张照片至少包含一片绝缘子

续表

无人机悬停区域	拍摄部位编号	拍摄部位	无人机拍摄位置	拍摄角度	拍摄质量要求
F	9	左回下相大号侧绝缘子横担端挂点	与挂点高度平行，小角度斜侧方拍摄	平/俯视	能够清晰分辨螺栓、螺母、锁紧销等小尺寸金具。设备相互遮挡时，采取多角度拍摄。每张照片至少包含一片绝缘子
F	10	左回下相大号侧绝缘子	正对绝缘子串，在其中心点以上位置拍摄	平视	需覆盖绝缘子整串，可拍多张照片，最终能够清晰分辨绝缘子片表面损痕和每片绝缘子连接情况
F	11	左回下相大号侧绝缘子导线端挂点	与挂点高度平行，小角度斜侧方拍摄	平/俯视	能够清晰分辨螺栓、螺母、锁紧销等小尺寸金具及防振锤。设备相互遮挡时，采取多角度拍摄。每张照片至少包含一片绝缘子
G	12	左回中相小号侧绝缘子导线端挂点	面向金具锁紧销安装侧，拍摄金具整体	平/俯视	能够清晰分辨螺栓、螺母、锁紧销等小尺寸金具及防振锤。设备相互遮挡时，采取多角度拍摄。每张照片至少包含一片绝缘子
G	13	左回中相小号侧绝缘子	正对绝缘子串，在其中心点以上位置拍摄	平视	需覆盖绝缘子整串，可拍多张照片，最终能够清晰分辨绝缘子片表面损痕和每片绝缘子连接情况
G	14	左回中相小号侧绝缘子横担端挂点	与挂点高度平行，小角度斜侧方拍摄	平/俯视	能够清晰分辨螺栓、螺母、锁紧销等小尺寸金具。设备相互遮挡时，采取多角度拍摄。每张照片至少包含一片绝缘子
G	15	左回中相大号侧绝缘子横担端挂点	与挂点高度平行，小角度斜侧方拍摄	平/俯视	能够清晰分辨螺栓、螺母、锁紧销等小尺寸金具。设备相互遮挡时，采取多角度拍摄。每张照片至少包含一片绝缘子
G	16	左回中相大号侧绝缘子	正对绝缘子串，在其中心点以上位置拍摄	平视	需覆盖绝缘子整串，可拍多张照片，最终能够清晰分辨绝缘子片表面损痕和每片绝缘子连接情况
G	17	左回中相大号侧绝缘子导线端挂点	与挂点高度平行，小角度斜侧方拍摄	平/俯视	能够清晰分辨螺栓、螺母、锁紧销等小尺寸金具及防振锤。设备相互遮挡时，采取多角度拍摄。每张照片至少包含一片绝缘子
H	18	左回上相小号侧绝缘子导线端挂点	面向金具锁紧销安装侧，拍摄金具整体	平/俯视	能够清晰分辨螺栓、螺母、锁紧销等小尺寸金具及防振锤。设备相互遮挡时，采取多角度拍摄。每张照片至少包含一片绝缘子
H	19	左回上相小号侧绝缘子	正对绝缘子串，在其中心点以上位置拍摄	平视	需覆盖绝缘子整串，可拍多张照片，最终能够清晰分辨绝缘子片表面损痕和每片绝缘子连接情况
H	20	左回上相小号侧绝缘子横担端挂点	与挂点高度平行，小角度斜侧方拍摄	平/俯视	能够清晰分辨螺栓、螺母、锁紧销等小尺寸金具。设备相互遮挡时，采取多角度拍摄。每张照片至少包含一片绝缘子

续表

无人机悬停区域	拍摄部位编号	拍摄部位	无人机拍摄位置	拍摄角度	拍摄质量要求
H	21	左回上相大号侧绝缘子横担端挂点	与挂点高度平行，小角度斜侧方拍摄	平/俯视	能够清晰分辨螺栓、螺母、锁紧销等小尺寸金具。设备相互遮挡时，采取多角度拍摄。每张照片至少包含一片绝缘子
H	22	左回上相大号侧绝缘子	正对绝缘子串，在其中心点以上位置拍摄	平视	需覆盖绝缘子整串，可拍多张照片，最终能够清晰分辨绝缘子片表面损痕和每片绝缘子连接情况
H	23	左回上相大号侧绝缘子导线端挂点	与挂点高度平行，小角度斜侧方拍摄	平/俯视	能够清晰分辨螺栓、螺母、锁紧销等小尺寸金具及防振锤。设备相互遮挡时，采取多角度拍摄。每张照片至少包含一片绝缘子
I	24	左回地线挂点	高度与地线挂点平行或以不大于 30° 角度俯视，小角度斜侧方拍摄	小号侧平视/大号侧平视	能够判断各类金具的组合安装状态，与地线接触位置铝包带安装状态，清晰分辨锁紧位置的螺母销级物件。设备相互遮挡时，采取多角度拍摄
J	25	右回地线挂点	高度与地线挂点平行或以不大于 30° 角度俯视，小角度斜侧方拍摄	小号侧平视/大号侧平视	能够判断各类金具的组合安装状态，与地线接触位置铝包带安装状态，清晰分辨锁紧位置的螺母销级物件。设备相互遮挡时，采取多角度拍摄
K	26	右回上相小号侧绝缘子导线端挂点	面向金具锁紧销安装侧，拍摄金具整体	平/俯视	能够清晰分辨螺栓、螺母、锁紧销等小尺寸金具及防振锤。设备相互遮挡时，采取多角度拍摄。每张照片至少包含一片绝缘子
K	27	右回上相小号侧绝缘子	正对绝缘子串，在其中心点以上位置拍摄	平视	需覆盖绝缘子整串，可拍多张照片，最终能够清晰分辨绝缘子片表面损痕和每片绝缘子连接情况
K	28	右回上相小号侧绝缘子横担端挂点	与挂点高度平行，小角度斜侧方拍摄	平/俯视	能够清晰分辨螺栓、螺母、锁紧销等小尺寸金具。设备相互遮挡时，采取多角度拍摄。每张照片至少包含一片绝缘子
K	29	右回上相跳线串横担端挂点	杆塔右回上相跳线绝缘子外侧适当距离处	平/俯视	采取平拍方式针对销钉穿向，拍摄下挂点连接金具；采取俯拍方式拍摄挂点上方螺栓及销钉情况，金具部分应占照片 50%空间以上
K	30	右回上相跳线绝缘子	杆塔右回上相跳线绝缘子外侧适当距离处	平视	拍摄出绝缘子的全貌，应能够清晰识别每一片伞裙
K	31	右回上相跳线串导线端挂点	杆塔右回上相跳线绝缘子外侧适当距离处	小号侧俯视/大号侧俯视	分别位于导线端金具的小号侧及大号侧拍摄两张照片，每张照片应包括从绝缘子末端碗头至重锤片的全景，且金具部分应占照片 50%空间以上

续表

无人机悬停区域	拍摄部位编号	拍摄部位	无人机拍摄位置	拍摄角度	拍摄质量要求
K	32	右回上相大号侧绝缘子横担端挂点	与挂点高度平行，小角度斜侧方拍摄	平/俯视	能够清晰分辨螺栓、螺母、锁紧销等小尺寸金具。设备相互遮挡时，采取多角度拍摄。每张照片至少包含一片绝缘子
K	33	右回上相大号侧绝缘子	正对绝缘子串，在其中心点以上位置拍摄	平视	需覆盖绝缘子整串，可拍多张照片，最终能够清晰分辨绝缘子片表面损痕和每片绝缘子连接情况
K	34	右回上相大号侧绝缘子导线端挂点	与挂点高度平行，小角度斜侧方拍摄	平/俯视	能够清晰分辨螺栓、螺母、锁紧销等小尺寸金具及防振锤。设备相互遮挡时，采取多角度拍摄。每张照片至少包含一片绝缘子
L	35	右回中相小号侧绝缘子导线端挂点	面向金具锁紧销安装侧，拍摄金具整体	平/俯视	能够清晰分辨螺栓、螺母、锁紧销等小尺寸金具及防振锤。设备相互遮挡时，采取多角度拍摄。每张照片至少包含一片绝缘子
L	36	右回中相小号侧绝缘子	正对绝缘子串，在其中心点以上位置拍摄	平视	需覆盖绝缘子整串，可拍多张照片，最终能够清晰分辨绝缘子片表面损痕和每片绝缘子连接情况
L	37	右回中相小号侧绝缘子横担端挂点	与挂点高度平行，小角度斜侧方拍摄	平/俯视	能够清晰分辨螺栓、螺母、锁紧销等小尺寸金具。设备相互遮挡时，采取多角度拍摄。每张照片至少包含一片绝缘子
L	38	右回中相跳线串横担端挂点	杆塔右回中相跳线绝缘子外侧适当距离处	平/俯视	采取平拍方式针对销钉穿向，拍摄下挂点连接金具；采取俯拍方式拍摄挂点上方螺栓及销钉情况，金具部分应占照片 50%空间以上
L	39	右回中相跳线绝缘子	杆塔右回中相跳线绝缘子外侧适当距离处	平视	拍摄出绝缘子的全貌，应能够清晰识别每一片伞裙
L	40	右回中相跳线串导线端挂点	杆塔右回中相跳线绝缘子外侧适当距离处	小号侧俯视/大号侧俯视	分别位于导线端金具的小号侧及大号侧拍摄两张照片，每张照片应包括从绝缘子末端碗头至重锤片的全景，且金具部分应占照片 50%空间以上
L	41	右回中相大号侧绝缘子横担端挂点	与挂点高度平行，小角度斜侧方拍摄	平/俯视	能够清晰分辨螺栓、螺母、锁紧销等小尺寸金具。设备相互遮挡时，采取多角度拍摄。每张照片至少包含一片绝缘子
L	42	右回中相大号侧绝缘子	正对绝缘子串，在其中心点以上位置拍摄	平视	需覆盖绝缘子整串，可拍多张照片，最终能够清晰分辨绝缘子片表面损痕和每片绝缘子连接情况
L	43	右回中相大号侧绝缘子导线端挂点	与挂点高度平行，小角度斜侧方拍摄	平/俯视	能够清晰分辨螺栓、螺母、锁紧销等小尺寸金具及防振锤。设备相互遮挡时，采取多角度拍摄。每张照片至少包含一片绝缘子

续表

无人机悬停区域	拍摄部位编号	拍摄部位	无人机拍摄位置	拍摄角度	拍摄质量要求
M	44	右回下相小号侧绝缘子导线端挂点	面向金具锁紧销安装侧，拍摄金具整体	平/俯视	能够清晰分辨螺栓、螺母、锁紧销等小尺寸金具及防振锤。设备相互遮挡时，采取多角度拍摄。每张照片至少包含一片绝缘子
M	45	右回下相小号侧绝缘子	正对绝缘子串，在其中心点以上位置拍摄	平视	需覆盖绝缘子整串，可拍多张照片，最终能够清晰分辨绝缘子片表面损痕和每片绝缘子连接情况
M	46	右回下相小号侧绝缘子横担端挂点	与挂点高度平行，小角度斜侧方拍摄	平/俯视	能够清晰分辨螺栓、螺母、锁紧销等小尺寸金具。设备相互遮挡时，采取多角度拍摄。每张照片至少包含一片绝缘子
M	47	右回下相跳线串横担端挂点	杆塔右回下相跳线绝缘子外侧适当距离处	平/俯视	采取平拍方式针对销钉穿向，拍摄下挂点连接金具；采取俯拍方式拍摄挂点上方螺栓及销钉情况，金具部分应占照片 50%空间以上
M	48	右回下相跳线绝缘子	杆塔右回下相跳线绝缘子外侧适当距离处	平视	拍摄出绝缘子的全貌，应能够清晰识别每一片伞裙
M	49	右回下相跳线串导线端挂点	杆塔右回下相跳线绝缘子外侧适当距离处	小号侧俯视/大号侧俯视	分别位于导线端金具的小号侧及大号侧拍摄两张照片，每张照片应包括从绝缘子末端碗头至重锤片的全景，且金具部分应占照片 50%空间以上
M	50	右回下相大号侧绝缘子横担端挂点	与挂点高度平行，小角度斜侧方拍摄	平/俯视	能够清晰分辨螺栓、螺母、锁紧销等小尺寸金具。设备相互遮挡时，采取多角度拍摄。每张照片至少包含一片绝缘子
M	51	右回下相大号侧绝缘子	正对绝缘子串，在其中心点以上位置拍摄	平视	需覆盖绝缘子整串，可拍多张照片，最终能够清晰分辨绝缘子片表面损痕和每片绝缘子连接情况
M	52	右回下相大号侧绝缘子导线端挂点	与挂点高度平行，小角度斜侧方拍摄	平/俯视	能够清晰分辨螺栓、螺母、锁紧销等小尺寸金具及防振锤。设备相互遮挡时，采取多角度拍摄。每张照片至少包含一片绝缘子
N	53	小号侧通道	塔身侧方位置先小号通道，后大号通道	面朝小号侧顺线路方向	能够清晰完整看到杆塔的通道情况，如建筑物、树木、交叉、跨越的线路等
O	54	大号侧通道	塔身侧方位置先小号通道，后大号通道	面朝大号侧顺线路方向	能够清晰完整看到杆塔的通道情况，如建筑物、树木、交叉、跨越的线路等

注：拍摄角度和拍摄图片张数以能够清晰展示所需细节为目标，根据实际作业环境可做适当调整。

g. 直流线路双回直线塔。

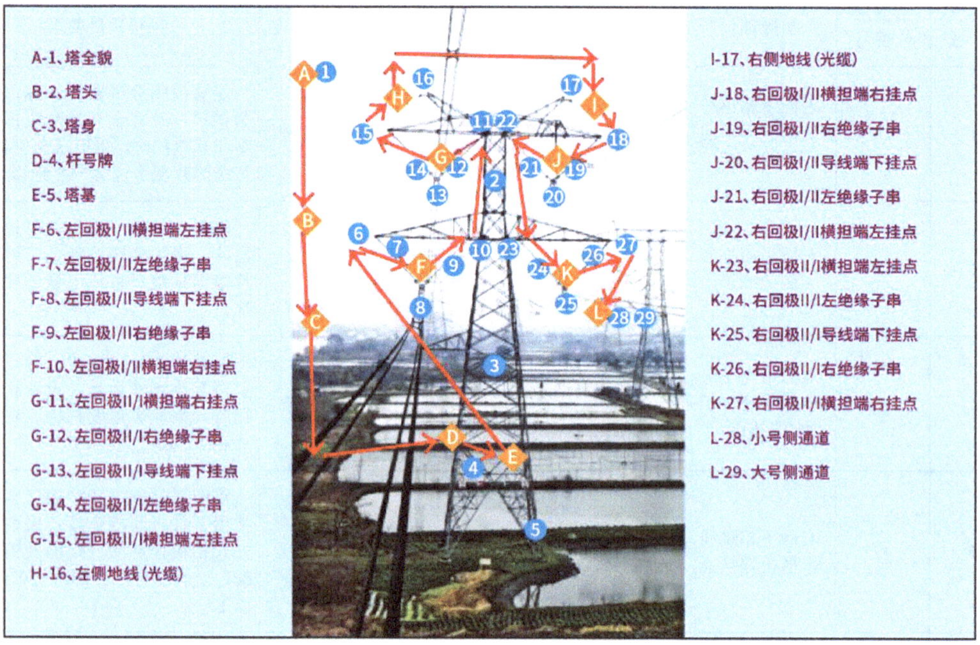

图 3-9 直流线路双回直线塔无人机巡检拍摄规则

表 3-23 直流线路双回直线塔无人机巡检拍摄规则

无人机悬停区域	拍摄部位编号	拍摄部位	无人机拍摄位置	拍摄角度	拍摄质量要求
A	1	塔全貌	从杆塔远处，并高于杆塔，杆塔完全在影像画面里	俯视	塔全貌完整，能够清晰分辨塔材和杆塔角度，主体上下占比不低于全幅 80%
B	2	塔头	从杆塔斜上方拍摄	俯视	能够完整看到杆塔塔头
C	3	塔身	杆塔斜上方，略低于塔头拍摄高度	平/俯视	能够清晰完整看到杆塔下横担至杆号牌平面之间的塔材结构
D	4	杆号牌	无人机镜头平视或俯视拍摄塔号牌	平/俯视	能清晰分辨杆号牌上线路双重名称
E	5	塔基	走廊正面或侧面面向塔基俯视拍摄	俯视	能够看清塔基附近地面情况
F	6	左回极Ⅰ/Ⅱ横担端左挂点	线路外侧杆塔下横担偏下位置正对目标拍摄	仰视	能够清晰分辨螺栓、螺母、销针、锁紧销等小尺寸金具。设备相互遮挡时，采取多角度拍摄
F	7	左回极Ⅰ/Ⅱ左绝缘子串	相应导线上方适当距离拍摄	仰视	需覆盖绝缘子整串，可拍多张照片，最终能够清晰分辨绝缘子表面损痕情况
F	8	左回极Ⅰ/Ⅱ导线端下挂点	相应导线上方适当距离拍摄	俯视	能够清晰分辨螺栓、螺母、锁紧销等小尺寸金具及防振锤。设备相互遮挡时，采取多角度拍摄
F	9	左回极Ⅰ/Ⅱ右绝缘子串	相应导线上方适当距离拍摄	仰视	需覆盖绝缘子整串，可拍多张照片，最终能够清晰分辨绝缘子表面损痕情况

续表

无人机悬停区域	拍摄部位编号	拍摄部位	无人机拍摄位置	拍摄角度	拍摄质量要求
F	10	左回极Ⅰ/Ⅱ横担端右挂点	在本拍摄目标的线路大号侧方向适当距离微仰视	仰视	能够清晰分辨螺栓、螺母、销针、锁紧销等小尺寸金具。设备相互遮挡时，采取多角度拍摄
G	11	左回极Ⅱ/Ⅰ横担端右挂点	在本拍摄目标的线路大号侧方向适当距离微仰视	仰视	能够清晰分辨螺栓、螺母、销针、锁紧销等小尺寸金具。设备相互遮挡时，采取多角度拍摄
G	12	左回极Ⅱ/Ⅰ右绝缘子串	相应导线上方适当距离拍摄	仰视	需覆盖绝缘子整串，可拍多张照片，最终能够清晰分辨绝缘子表面损痕情况
G	13	左回极Ⅱ/Ⅰ导线端下挂点	相应导线上方适当距离拍摄	俯视	能够清晰分辨螺栓、螺母、锁紧销等小尺寸金具及防振锤。设备相互遮挡时，采取多角度拍摄
G	14	左回极Ⅱ/Ⅰ左绝缘子串	相应导线上方适当距离拍摄	仰视	需覆盖绝缘子整串，可拍多张照片，最终能够清晰分辨绝缘子表面损痕情况
G	15	左回极Ⅱ/Ⅰ横担端左挂点	线路外侧杆塔上横担偏下位置正对目标拍摄	仰视	能够清晰分辨螺栓、螺母、销针、锁紧销等小尺寸金具。设备相互遮挡时，采取多角度拍摄
H	16	左侧地线（光缆）	线路外侧杆塔羊角偏下位置正对目标拍摄	平拍	能够判断各类金具的组合安装状态，与地线接触位置铝包带安装状态，清晰分辨清晰分辨螺栓、螺母、销针等小尺寸金具及防振锤。设备相互遮挡时，采取多角度拍摄
I	17	右侧地线（光缆）	线路外侧杆塔羊角偏下位置正对目标拍摄	平拍	能够判断各类金具的组合安装状态，与地线接触位置铝包带安装状态，清晰分辨清晰分辨螺栓、螺母、销针等小尺寸金具及防振锤。设备相互遮挡时，采取多角度拍摄
J	18	右回极Ⅰ/Ⅱ横担端右挂点	线路外侧杆塔上横担偏下位置正对目标拍摄	仰视	能够清晰分辨螺栓、螺母、销针、锁紧销等小尺寸金具。设备相互遮挡时，采取多角度拍摄
J	19	右回极Ⅰ/Ⅱ右绝缘子串	相应导线上方适当距离拍摄	仰视	需覆盖绝缘子整串，可拍多张照片，最终能够清晰分辨绝缘子表面损痕情况
J	20	右回极Ⅰ/Ⅱ导线端下挂点	相应导线上方适当距离拍摄	俯视	能够清晰分辨螺栓、螺母、锁紧销等小尺寸金具及防振锤。设备相互遮挡时，采取多角度拍摄
J	21	右回极Ⅰ/Ⅱ左绝缘子串	相应导线上方适当距离拍摄	仰视	需覆盖绝缘子整串，可拍多张照片，最终能够清晰分辨绝缘子表面损痕情况
J	22	右回极Ⅰ/Ⅱ横担端左挂点	在本拍摄目标的线路大号侧方向适当距离微仰视	仰视	能够清晰分辨螺栓、螺母、销针、锁紧销等小尺寸金具。设备相互遮挡时，采取多角度拍摄
K	23	右回极Ⅱ/Ⅰ横担端左挂点	在本拍摄目标的线路大号侧方向适当距离微仰视	仰视	能够清晰分辨螺栓、螺母、销针、锁紧销等小尺寸金具。设备相互遮挡时，采取多角度拍摄
K	24	右回极Ⅱ/Ⅰ左绝缘子串	相应导线上方适当距离拍摄	仰视	需覆盖绝缘子整串，可拍多张照片，最终能够清晰分辨绝缘子表面损痕情况

续表

无人机悬停区域	拍摄部位编号	拍摄部位	无人机拍摄位置	拍摄角度	拍摄质量要求
K	25	右回极Ⅱ/Ⅰ导线端下挂点	相应导线上方适当距离拍摄	俯视	能够清晰分辨螺栓、螺母、锁紧销等小尺寸金具及防振锤。设备相互遮挡时，采取多角度拍摄
K	26	右回极Ⅱ/Ⅰ右绝缘子串	相应导线上方适当距离拍摄	仰视	需覆盖绝缘子整串，可拍多张照片，最终能够清晰分辨绝缘子表面损痕情况
K	27	右回极Ⅱ/Ⅰ横担端右挂点	在本拍摄目标的线路大号侧方向适当距离微仰视	仰视	能够清晰分辨螺栓、螺母、销针、锁紧销等小尺寸金具。设备相互遮挡时，采取多角度拍摄
L	28	小号侧通道	塔身侧方位置先小号通道，后大号通道	面朝小号侧顺线路方向	能够清晰反映通道情况，如建筑物、树木、交叉、跨越的线路等
L	29	大号侧通道	塔身侧方位置先小号通道，后大号通道	面朝大号侧顺线路方向	能够清晰反映通道情况，如建筑物、树木、交叉、跨越的线路等

注：拍摄角度和拍摄图片张数以能够清晰展示所需细节为目标，根据实际作业环境可做适当调整。

h. 换位塔巡检路径。

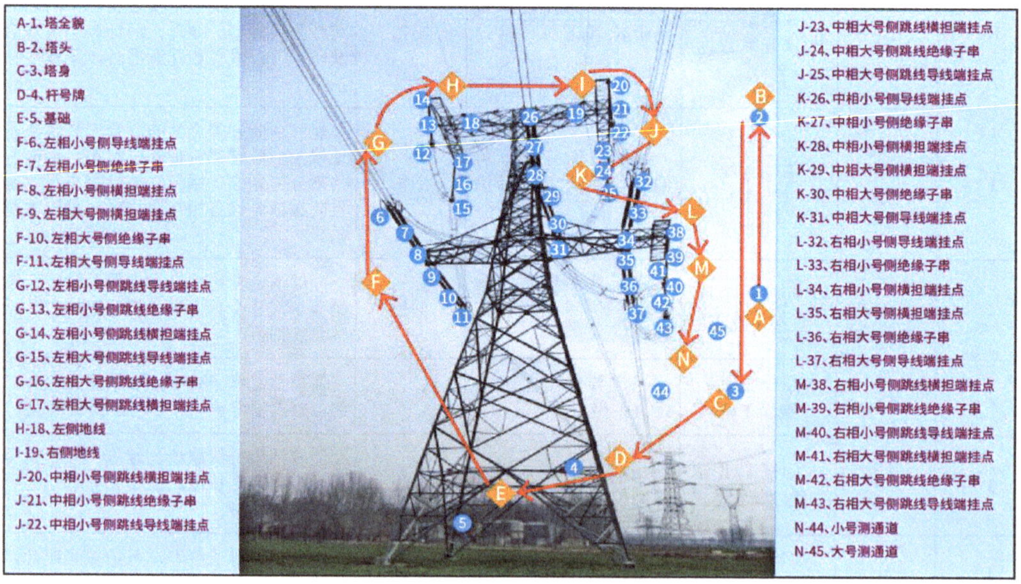

图 3－10　换位塔无人机巡检路径规划

表 3－24　　换位塔文件巡检拍摄规则

无人机悬停区域	拍摄部位编号	拍摄部位	无人机拍摄位置	拍摄角度	拍摄质量要求
A	1	塔全貌	从杆塔远处，并高于杆塔，杆塔完全在影像画面里	俯视	塔全貌完整，能够清晰分辨塔材和杆塔角度，主体上下占比不低于全幅 80%

续表

无人机悬停区域	拍摄部位编号	拍摄部位	无人机拍摄位置	拍摄角度	拍摄质量要求
B	2	塔头	从杆塔斜上方拍摄	俯视	能够完整看到杆塔塔头
C	3	塔身	杆塔斜上方，略低于塔头拍摄高度	平/俯视	能够看到除塔头及塔基部位的其他结构全貌
D	4	杆号牌	无人机镜头平视或俯视拍摄塔号牌	平/俯视	能清晰分辨杆号牌上线路双重名称
E	5	基础	走廊正面或侧面面向塔基俯视拍摄	俯视	能够看清塔基附近地面情况，拉线是否连接牢靠
F	6	左相小号侧导线端挂点	面向金具锁紧销安装侧，拍摄金具整体	平/俯视	能够清晰分辨螺栓、螺母、锁紧销等小尺寸金具及防振锤。设备相互遮挡时，采取多角度拍摄。每张照片至少包含一片绝缘子
F	7	左相小号侧绝缘子串	正对绝缘子串，在其中心点以上位置拍摄	平视	需覆盖绝缘子整串，可拍多张照片，最终能够清晰分辨绝缘子片表面损痕和每片绝缘子连接情况
F	8	左相小号侧横担端挂点	与挂点高度平行，小角度斜侧方拍摄	平/俯视	能够清晰分辨螺栓、螺母、锁紧销等小尺寸金具。设备相互遮挡时，采取多角度拍摄。每张照片至少包含一片绝缘子
F	9	左相大号侧横担端挂点	与挂点高度平行，小角度斜侧方拍摄	平/俯视	能够清晰分辨螺栓、螺母、锁紧销等小尺寸金具。设备相互遮挡时，采取多角度拍摄。每张照片至少包含一片绝缘子
F	10	左相大号侧绝缘子串	正对绝缘子串，在其中心点以上位置拍摄	平视	需覆盖绝缘子整串，可拍多张照片，最终能够清晰分辨绝缘子片表面损痕和每片绝缘子连接情况
F	11	左相大号侧导线端挂点	面向金具锁紧销安装侧，拍摄金具整体	平/俯视	能够清晰分辨螺栓、螺母、锁紧销等小尺寸金具及防振锤。设备相互遮挡时，采取多角度拍摄。每张照片至少包含一片绝缘子
G	12	左相小号侧跳线导线端挂点	面向金具锁紧销安装侧，拍摄金具整体	平/俯视	能够清晰分辨螺栓、螺母、锁紧销等小尺寸金具及防振锤。设备相互遮挡时，采取多角度拍摄。每张照片至少包含一片绝缘子
G	13	左相小号侧跳线绝缘子串	正对绝缘子串，在其中心点以上位置拍摄	平视	需覆盖绝缘子整串，可拍多张照片，最终能够清晰分辨绝缘子片表面损痕和每片绝缘子连接情况
G	14	左相小号侧跳线横担端挂点	与挂点高度平行，小角度斜侧方拍摄	平/俯视	能够清晰分辨螺栓、螺母、锁紧销等小尺寸金具。设备相互遮挡时，采取多角度拍摄。每张照片至少包含一片绝缘子
G	15	左相大号侧跳线导线端挂点	面向金具锁紧销安装侧，拍摄金具整体	平/俯视	能够清晰分辨螺栓、螺母、锁紧销等小尺寸金具及防振锤。设备相互遮挡时，采取多角度拍摄。每张照片至少包含一片绝缘子
G	16	左相大号侧跳线绝缘子串	正对绝缘子串，在其中心点以上位置拍摄	平视	需覆盖绝缘子整串，可拍多张照片，最终能够清晰分辨绝缘子片表面损痕和每片绝缘子连接情况

续表

无人机悬停区域	拍摄部位编号	拍摄部位	无人机拍摄位置	拍摄角度	拍摄质量要求
G	17	左相大号侧跳线横担端挂点	与挂点高度平行，小角度斜侧方拍摄	平/俯视	能够清晰分辨螺栓、螺母、锁紧销等小尺寸金具。设备相互遮挡时，采取多角度拍摄。每张照片至少包含一片绝缘子
H	18	左侧地线	高度与地线挂点平行或以不大于30°角度俯视，小角度斜侧方拍摄	平/俯/仰视	能够判断各类金具的组合安装状态，与地线接触位置铝包带安装状态，清晰分辨锁紧位置的螺母销级物件。设备相互遮挡时，采取多角度拍摄
I	19	右侧地线	高度与地线挂点平行或以不大于30°角度俯视，小角度斜侧方拍摄	平/俯/仰视	能够判断各类金具的组合安装状态，与地线接触位置铝包带安装状态，清晰分辨锁紧位置的螺母销级物件。设备相互遮挡时，采取多角度拍摄
J	20	中相小号侧跳线横担端挂点	与挂点高度平行，小角度斜侧方拍摄	平/俯视	能够清晰分辨螺栓、螺母、锁紧销等小尺寸金具。设备相互遮挡时，采取多角度拍摄。每张照片至少包含一片绝缘子
J	21	中相小号侧跳线绝缘子串	正对绝缘子串，在其中心点以上位置拍摄	平视	需覆盖绝缘子整串，可拍多张照片，最终能够清晰分辨绝缘子片表面损痕和每片绝缘子连接情况
J	22	中相小号侧跳线导线端挂点	面向金具锁紧销安装侧，拍摄金具整体	平/俯视	能够清晰分辨螺栓、螺母、锁紧销等小尺寸金具及防振锤。设备相互遮挡时，采取多角度拍摄。每张照片至少包含一片绝缘子
J	23	中相大号侧跳线横担端挂点	与挂点高度平行，小角度斜侧方拍摄	平/俯视	能够清晰分辨螺栓、螺母、锁紧销等小尺寸金具。设备相互遮挡时，采取多角度拍摄。每张照片至少包含一片绝缘子
J	24	中相大号侧跳线绝缘子串	正对绝缘子串，在其中心点以上位置拍摄	平视	需覆盖绝缘子整串，可拍多张照片，最终能够清晰分辨绝缘子片表面损痕和每片绝缘子连接情况
J	25	中相大号侧跳线导线端挂点	面向金具锁紧销安装侧，拍摄金具整体	平/俯视	能够清晰分辨螺栓、螺母、锁紧销等小尺寸金具及防振锤。设备相互遮挡时，采取多角度拍摄。每张照片至少包含一片绝缘子
K	26	中相小号侧导线端挂点	面向金具锁紧销安装侧，拍摄金具整体	平/俯视	能够清晰分辨螺栓、螺母、锁紧销等小尺寸金具及防振锤。设备相互遮挡时，采取多角度拍摄。每张照片至少包含一片绝缘子
K	27	中相小号侧绝缘子串	正对绝缘子串，在其中心点以上位置拍摄	平视	需覆盖绝缘子整串，可拍多张照片，最终能够清晰分辨绝缘子片表面损痕和每片绝缘子连接情况
K	28	中相小号侧横担端挂点	与挂点高度平行，小角度斜侧方拍摄	平/俯视	能够清晰分辨螺栓、螺母、锁紧销等小尺寸金具。设备相互遮挡时，采取多角度拍摄。每张照片至少包含一片绝缘子

续表

无人机悬停区域	拍摄部位编号	拍摄部位	无人机拍摄位置	拍摄角度	拍摄质量要求
K	29	中相大号侧横担端挂点	与挂点高度平行，小角度斜侧方拍摄	平/俯视	能够清晰分辨螺栓、螺母、锁紧销等小尺寸金具。设备相互遮挡时，采取多角度拍摄。每张照片至少包含一片绝缘子
K	30	中相大号侧绝缘子串	正对绝缘子串，在其中心点以上位置拍摄	平视	需覆盖绝缘子整串，可拍多张照片，最终能够清晰分辨绝缘子片表面损痕和每片绝缘子连接情况
K	31	中相大号侧导线端挂点	面向金具锁紧销安装侧，拍摄金具整体	平/俯视	能够清晰分辨螺栓、螺母、锁紧销等小尺寸金具及防振锤。设备相互遮挡时，采取多角度拍摄。每张照片至少包含一片绝缘子
L	32	右相小号侧导线端挂点	面向金具锁紧销安装侧，拍摄金具整体	平/俯视	能够清晰分辨螺栓、螺母、锁紧销等小尺寸金具及防振锤。设备相互遮挡时，采取多角度拍摄。每张照片至少包含一片绝缘子
L	33	右相小号侧绝缘子串	正对绝缘子串，在其中心点以上位置拍摄	平视	需覆盖绝缘子整串，可拍多张照片，最终能够清晰分辨绝缘子片表面损痕和每片绝缘子连接情况
L	34	右相小号侧横担端挂点	与挂点高度平行，小角度斜侧方拍摄	平/俯视	能够清晰分辨螺栓、螺母、锁紧销等小尺寸金具。设备相互遮挡时，采取多角度拍摄。每张照片至少包含一片绝缘子
L	35	右相大号侧横担端挂点	与挂点高度平行，小角度斜侧方拍摄	平/俯视	能够清晰分辨螺栓、螺母、锁紧销等小尺寸金具。设备相互遮挡时，采取多角度拍摄。每张照片至少包含一片绝缘子
L	36	右相大号侧绝缘子串	正对绝缘子串，在其中心点以上位置拍摄	平视	需覆盖绝缘子整串，可拍多张照片，最终能够清晰分辨绝缘子片表面损痕和每片绝缘子连接情况
L	37	右相大号侧导线端挂点	面向金具锁紧销安装侧，拍摄金具整体	平/俯视	能够清晰分辨螺栓、螺母、锁紧销等小尺寸金具及防振锤。设备相互遮挡时，采取多角度拍摄。每张照片至少包含一片绝缘子
M	38	右相小号侧跳线横担端挂点	与挂点高度平行，小角度斜侧方拍摄	平/俯视	能够清晰分辨螺栓、螺母、锁紧销等小尺寸金具。设备相互遮挡时，采取多角度拍摄。每张照片至少包含一片绝缘子
M	39	右相小号侧跳线绝缘子串	正对绝缘子串，在其中心点以上位置拍摄	平视	需覆盖绝缘子整串，可拍多张照片，最终能够清晰分辨绝缘子片表面损痕和每片绝缘子连接情况
M	40	右相小号侧跳线导线端挂点	面向金具锁紧销安装侧，拍摄金具整体	平/俯视	能够清晰分辨螺栓、螺母、锁紧销等小尺寸金具及防振锤。设备相互遮挡时，采取多角度拍摄。每张照片至少包含一片绝缘子
M	41	右相大号侧跳线横担端挂点	与挂点高度平行，小角度斜侧方拍摄	平/俯视	能够清晰分辨螺栓、螺母、锁紧销等小尺寸金具。设备相互遮挡时，采取多角度拍摄。每张照片至少包含一片绝缘子

续表

无人机悬停区域	拍摄部位编号	拍摄部位	无人机拍摄位置	拍摄角度	拍摄质量要求
M	42	右相大号侧跳线绝缘子串	正对绝缘子串，在其中心点以上位置拍摄	平视	需覆盖绝缘子整串，可拍多张照片，最终能够清晰分辨绝缘子片表面损痕和每片绝缘子连接情况
M	43	右相大号侧跳线导线端挂点	面向金具锁紧销安装侧，拍摄金具整体	平/俯视	能够清晰分辨螺栓、螺母、锁紧销等小尺寸金具及防振锤。设备相互遮挡时，采取多角度拍摄。每张照片至少包含一片绝缘子
N	44	小号侧通道	塔身侧方位置	平视	能够清晰完整看到杆塔的通道情况，如建筑物、树木、交叉、跨越的线路等
N	45	大号侧通道	塔身侧方位置	平视	能够清晰完整看到杆塔的通道情况，如建筑物、树木、交叉、跨越的线路等

注：拍摄角度和拍摄图片张数以能够清晰展示所需细节为目标，根据实际作业环境可做适当调整。

i. 紧凑型塔巡检路径。

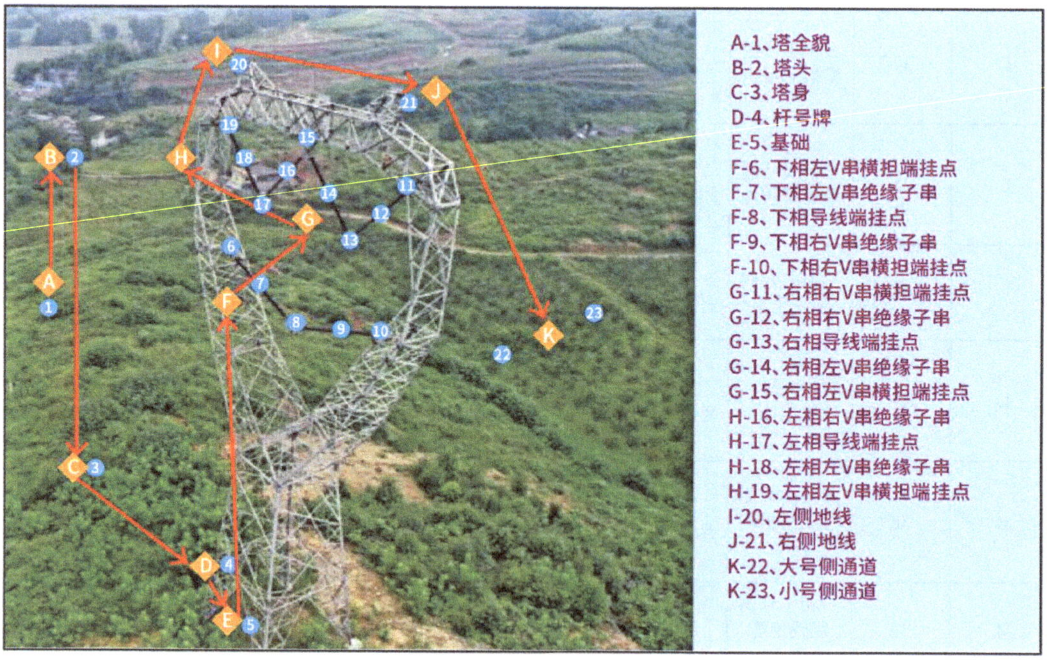

图 3－11　紧凑型无人机巡检路径规划

表 3－25　　**紧凑型无人机巡检拍摄规则**

无人机悬停区域	拍摄部位编号	拍摄部位	无人机拍摄位置	拍摄角度	拍摄质量要求
A	1	塔全貌	从杆塔远处，并高于杆塔，杆塔完全在影像画面里	俯视	塔全貌完整，能够清晰分辨塔材和杆塔角度，主体上下占比不低于全幅 80%

续表

无人机悬停区域	拍摄部位编号	拍摄部位	无人机拍摄位置	拍摄角度	拍摄质量要求
B	2	塔头	从杆塔斜上方拍摄	俯视	能够完整看到杆塔塔头
C	3	塔身	杆塔斜上方，略低于塔头拍摄高度	平/俯视	能够看到除塔头及塔基部位的其他结构全貌
D	4	杆号牌	无人机镜头平视或俯视拍摄塔号牌	平/俯视	能清晰分辨杆号牌上线路双重名称
E	5	基础	走廊正面或侧面面向塔基俯视拍摄	俯视	能够看清塔基附近地面情况，拉线是否连接牢靠
F	6	下相左V串横担端挂点	与挂点高度平行，小角度斜侧方拍摄	平/俯视	能够清晰分辨螺栓、螺母、锁紧销等小尺寸金具。设备相互遮挡时，采取多角度拍摄。每张照片至少包含一片绝缘子
F	7	下相左V串绝缘子串	正对绝缘子串，在其中心点以上位置拍摄	平视	需覆盖绝缘子整串，可拍多张照片，最终能够清晰分辨绝缘子片表面损痕和每片绝缘子连接情况
F	8	下相导线端挂点	面向金具锁紧销安装侧，拍摄金具整体	平/俯视	能够清晰分辨螺栓、螺母、锁紧销等小尺寸金具及防振锤。设备相互遮挡时，采取多角度拍摄。每张照片至少包含一片绝缘子
F	9	下相右V串绝缘子串	正对绝缘子串，在其中心点以上位置拍摄	平视	需覆盖绝缘子整串，可拍多张照片，最终能够清晰分辨绝缘子片表面损痕和每片绝缘子连接情况
F	10	下相右V串横担端挂点	与挂点高度平行，小角度斜侧方拍摄	平/俯视	能够清晰分辨螺栓、螺母、锁紧销等小尺寸金具。设备相互遮挡时，采取多角度拍摄。每张照片至少包含一片绝缘子
G	11	右相右V串横担端挂点	与挂点高度平行，小角度斜侧方拍摄	平/俯视	能够清晰分辨螺栓、螺母、锁紧销等小尺寸金具。设备相互遮挡时，采取多角度拍摄。每张照片至少包含一片绝缘子
G	12	右相右V串绝缘子串	正对绝缘子串，在其中心点以上位置拍摄	平视	需覆盖绝缘子整串，可拍多张照片，最终能够清晰分辨绝缘子片表面损痕和每片绝缘子连接情况
G	13	右相导线端挂点	面向金具锁紧销安装侧，拍摄金具整体	平/俯视	能够清晰分辨螺栓、螺母、锁紧销等小尺寸金具及防振锤。设备相互遮挡时，采取多角度拍摄。每张照片至少包含一片绝缘子
G	14	右相左V串绝缘子串	正对绝缘子串，在其中心点以上位置拍摄	平视	需覆盖绝缘子整串，可拍多张照片，最终能够清晰分辨绝缘子片表面损痕和每片绝缘子连接情况
G	15	右相左V串横担端挂点	与挂点高度平行，小角度斜侧方拍摄	平/俯视	能够清晰分辨螺栓、螺母、锁紧销等小尺寸金具。设备相互遮挡时，采取多角度拍摄。每张照片至少包含一片绝缘子
H	16	左相右V串绝缘子串	正对绝缘子串，在其中心点以上位置拍摄	平视	需覆盖绝缘子整串，可拍多张照片，最终能够清晰分辨绝缘子片表面损痕和每片绝缘子连接情况
H	17	左相导线端挂点	正对绝缘子串，在其中心点以上位置拍摄	平视	需覆盖绝缘子整串，可拍多张照片，最终能够清晰分辨绝缘子片表面损痕和每片绝缘子连接情况

续表

无人机悬停区域	拍摄部位编号	拍摄部位	无人机拍摄位置	拍摄角度	拍摄质量要求
H	18	左相左 V 串绝缘子串	正对绝缘子串，在其中心点以上位置拍摄	平视	需覆盖绝缘子整串，可拍多张照片，最终能够清晰分辨绝缘子片表面损痕和每片绝缘子连接情况
H	19	左相左 V 串横担端挂点	与挂点高度平行，小角度斜侧方拍摄	平/俯视	能够清晰分辨螺栓、螺母、锁紧销等小尺寸金具。设备相互遮挡时，采取多角度拍摄。每张照片至少包含一片绝缘子
I	20	左侧地线	高度与地线挂点平行或以不大于 30° 角度俯视，小角度斜侧方拍摄	平/俯/仰视	能够判断各类金具的组合安装状态，与地线接触位置铝包带安装状态，清晰分辨锁紧位置的螺母销级物件。设备相互遮挡时，采取多角度拍摄
J	21	右侧地线	高度与地线挂点平行或以不大于 30° 角度俯视，小角度斜侧方拍摄	平/俯/仰视	能够判断各类金具的组合安装状态，与地线接触位置铝包带安装状态，清晰分辨锁紧位置的螺母销级物件。设备相互遮挡时，采取多角度拍摄
K	22	小号侧通道	塔身侧方位置	平视	能够清晰完整看到杆塔的通道情况，如建筑物、树木、交叉、跨越的线路等
K	23	大号侧通道	塔身侧方位置	平视	能够清晰完整看到杆塔的通道情况，如建筑物、树木、交叉、跨越的线路等

注：拍摄角度和拍摄图片张数以能够清晰展示所需细节为目标，根据实际作业环境可做适当调整。

j. 交流线路单回耐张干字塔。

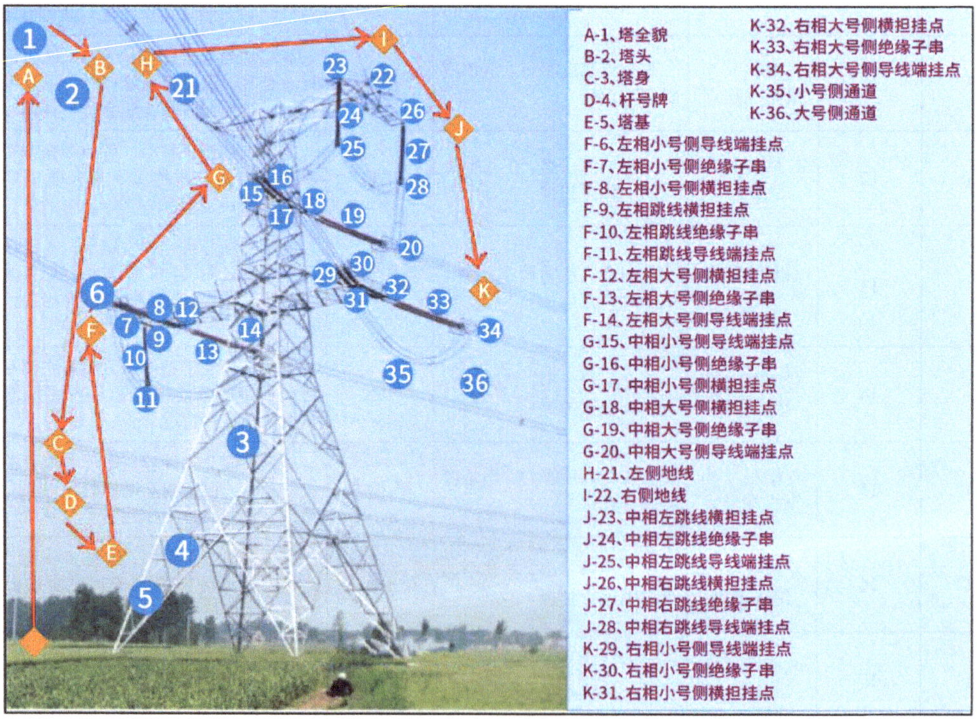

图 3－12　交流线路单回耐张干字塔无人机巡检路径规划

表 3-26　交流线路单回耐张干字塔无人机巡检拍摄规则

无人机悬停区域	拍摄部位编号	拍摄部位	无人机拍摄位置	拍摄角度	拍摄质量要求
A	1	塔全貌	从杆塔远处，并高于杆塔，杆塔完全在影像画面里	俯视	塔全貌完整，能够清晰分辨塔材和杆塔角度，主体上下占比不低于全幅80%
B	2	塔头	从杆塔斜上方拍摄	俯视	能够完整看到杆塔塔头
C	3	塔身	杆塔斜上方，略低于塔头拍摄高度	平/俯视	能够看到除塔头及塔基部位的其他结构全貌
C	4	杆号牌	无人机镜头平视或俯视拍摄塔号牌	平/俯视	能清晰分辨杆号牌上线路双重名称
E	5	塔基及地面	走廊正面或侧面面向塔基俯视拍摄	俯视	能够看清塔基附近地面情况
F	6	左相小号侧导线端挂点	面向金具锁紧销安装侧，拍摄金具整体	平/俯视	能够清晰分辨螺栓、螺母、锁紧销等小尺寸金具及防振锤。设备相互遮挡时，采取多角度拍摄。每张照片至少包含一片绝缘子
F	7	左相小号侧绝缘子串	正对绝缘子串，在其中心点以上位置拍摄	平视	需覆盖绝缘子整串，可拍多张照片，最终能够清晰分辨绝缘子片表面损痕和每片绝缘子连接情况
F	8	左相小号侧横担挂点	与挂点高度平行，小角度斜侧方拍摄	平/俯视	能够清晰分辨螺栓、螺母、锁紧销等小尺寸金具。设备相互遮挡时，采取多角度拍摄。每张照片至少包含一片绝缘子
F	9	左相跳线横担挂点	与挂点高度平行，小角度斜侧方拍摄	平/俯视	能够清晰分辨螺栓、螺母、锁紧销等小尺寸金具。设备相互遮挡时，采取多角度拍摄。每张照片至少包含一片绝缘子
F	10	左相跳线绝缘子串	正对绝缘子串，在其中心点以上位置拍摄	平视	需覆盖绝缘子整串，可拍多张照片，最终能够清晰分辨绝缘子片表面损痕和每片绝缘子连接情况
F	11	左相跳线导线端挂点	面向金具锁紧销安装侧，拍摄金具整体	平/俯视	能够清晰分辨螺栓、螺母、锁紧销等小尺寸金具及防振锤。设备相互遮挡时，采取多角度拍摄。每张照片至少包含一片绝缘子
F	12	左相大号侧横担挂点	与挂点高度平行，小角度斜侧方拍摄	平/俯视	能够清晰分辨螺栓、螺母、锁紧销等小尺寸金具。设备相互遮挡时，采取多角度拍摄。每张照片至少包含一片绝缘子
F	13	左相大号侧绝缘子串	正对绝缘子串，在其中心点以上位置拍摄	平视	需覆盖绝缘子整串，可拍多张照片，最终能够清晰分辨绝缘子片表面损痕和每片绝缘子连接情况
F	14	左相大号侧导线端挂点	面向金具锁紧销安装侧，拍摄金具整体	平/俯视	能够清晰分辨螺栓、螺母、锁紧销等小尺寸金具及防振锤。设备相互遮挡时，采取多角度拍摄。每张照片至少包含一片绝缘子

续表

无人机悬停区域	拍摄部位编号	拍摄部位	无人机拍摄位置	拍摄角度	拍摄质量要求
G	15	中相小号侧导线端挂点	面向金具锁紧销安装侧，拍摄金具整体	平/俯视	能够清晰分辨螺栓、螺母、锁紧销等小尺寸金具及防振锤。设备相互遮挡时，采取多角度拍摄。每张照片至少包含一片绝缘子
G	16	中相小号侧绝缘子串	正对绝缘子串，在其中心点以上位置拍摄	平视	需覆盖绝缘子整串，可拍多张照片，最终能够清晰分辨绝缘子片表面损痕和每片绝缘子连接情况
G	17	中相小号侧横担挂点	与挂点高度平行，小角度斜侧方拍摄	平/俯视	能够清晰分辨螺栓、螺母、锁紧销等小尺寸金具。设备相互遮挡时，采取多角度拍摄。每张照片至少包含一片绝缘子
G	18	中相大号侧横担挂点	与挂点高度平行，小角度斜侧方拍摄	平/俯视	能够清晰分辨螺栓、螺母、锁紧销等小尺寸金具。设备相互遮挡时，采取多角度拍摄。每张照片至少包含一片绝缘子
G	19	中相大号侧绝缘子串	正对绝缘子串，在其中心点以上位置拍摄	平视	需覆盖绝缘子整串，可拍多张照片，最终能够清晰分辨绝缘子片表面损痕和每片绝缘子连接情况
G	20	中相大号侧导线端挂点	面向金具锁紧销安装侧，拍摄金具整体	平/俯视	能够清晰分辨螺栓、螺母、锁紧销等小尺寸金具及防振锤。设备相互遮挡时，采取多角度拍摄。每张照片至少包含一片绝缘子
H	21	左侧地线	高度与地线挂点平行或以不大于 30° 角度俯视，小角度斜侧方拍摄	平/俯/仰视	能够判断各类金具的组合安装状态，与地线接触位置铝包带安装状态，清晰分辨锁紧位置的螺母销级物件。设备相互遮挡时，采取多角度拍摄
H	22	右侧地线	高度与地线挂点平行或以不大于 30° 角度俯视，小角度斜侧方拍摄	平/俯/仰视	能够判断各类金具的组合安装状态，与地线接触位置铝包带安装状态，清晰分辨锁紧位置的螺母销级物件。设备相互遮挡时，采取多角度拍摄
J	23	中相左跳线横担挂点	与挂点高度平行，小角度斜侧方拍摄	平/俯视	能够清晰分辨螺栓、螺母、锁紧销等小尺寸金具。设备相互遮挡时，采取多角度拍摄。每张照片至少包含一片绝缘子
J	24	中相左跳线绝缘子串	正对绝缘子串，在其中心点以上位置拍摄	平视	需覆盖绝缘子整串，可拍多张照片，最终能够清晰分辨绝缘子片表面损痕和每片绝缘子连接情况
J	25	中相左跳线导线端挂点	面向金具锁紧销安装侧，拍摄金具整体	平/俯视	能够清晰分辨螺栓、螺母、锁紧销等小尺寸金具及防振锤。设备相互遮挡时，采取多角度拍摄。每张照片至少包含一片绝缘子

续表

无人机悬停区域	拍摄部位编号	拍摄部位	无人机拍摄位置	拍摄角度	拍摄质量要求
J	26	中相右跳线横担挂点	与挂点高度平行，小角度斜侧方拍摄	平/俯视	能够清晰分辨螺栓、螺母、锁紧销等小尺寸金具设备相互遮挡时，采取多角度拍摄。每张照片至少包含一片绝缘子
J	27	中相右跳线绝缘子串	正对绝缘子串，在其中心点以上位置拍摄	平视	需覆盖绝缘子整串，可拍多张照片，最终能够清晰分辨绝缘子片表面损痕和每片绝缘子连接情况
J	28	中相右跳线导线端挂点	面向金具锁紧销安装侧，拍摄金具整体	平/俯视	能够清晰分辨螺栓、螺母、锁紧销等小尺寸金具及防振锤。设备相互遮挡时，采取多角度拍摄。每张照片至少包含一片绝缘子
K	29	右相小号侧导线端挂点	面向金具锁紧销安装侧，拍摄金具整体	平/俯视	能够清晰分辨螺栓、螺母、锁紧销等小尺寸金具及防振锤。设备相互遮挡时，采取多角度拍摄。每张照片至少包含一片绝缘子
K	30	右相小号侧绝缘子串	正对绝缘子串，在其中心点以上位置拍摄	平视	需覆盖绝缘子整串，可拍多张照片，最终能够清晰分辨绝缘子片表面损痕和每片绝缘子连接情况
K	31	右相小号侧横担挂点	与挂点高度平行，小角度斜侧方拍摄	平/俯视	能够清晰分辨螺栓、螺母、锁紧销等小尺寸金具。设备相互遮挡时，采取多角度拍摄。每张照片至少包含一片绝缘子
K	32	右相大号侧横担挂点	与挂点高度平行，小角度斜侧方拍摄	平/俯视	能够清晰分辨螺栓、螺母、锁紧销等小尺寸金具。设备相互遮挡时，采取多角度拍摄。每张照片至少包含一片绝缘子
K	33	右相大号侧绝缘子串	正对绝缘子串，在其中心点以上位置拍摄	平视	需覆盖绝缘子整串，可拍多张照片，最终能够清晰分辨绝缘子片表面损痕和每片绝缘子连接情况
K	34	右相大号侧导线端挂点	面向金具锁紧销安装侧，拍摄金具整体	平/俯视	能够清晰分辨螺栓、螺母、锁紧销等小尺寸金具及防振锤。设备相互遮挡时，采取多角度拍摄。每张照片至少包含一片绝缘子
K	35	小号侧通道	塔身侧方位置先小号通道，后大号通道	平视	能够清晰完整看到杆塔的通道情况，如建筑物、树木、交叉、跨越的线路等
K	36	大号侧通道	塔身侧方位置先小号通道，后大号通道	平视	能够清晰完整看到杆塔的通道情况，如建筑物、树木、交叉、跨越的线路等

注：拍摄角度和拍摄图片张数以能够清晰展示所需细节为目标，根据实际作业环境可做适当调整。

k. 拉线塔巡检。

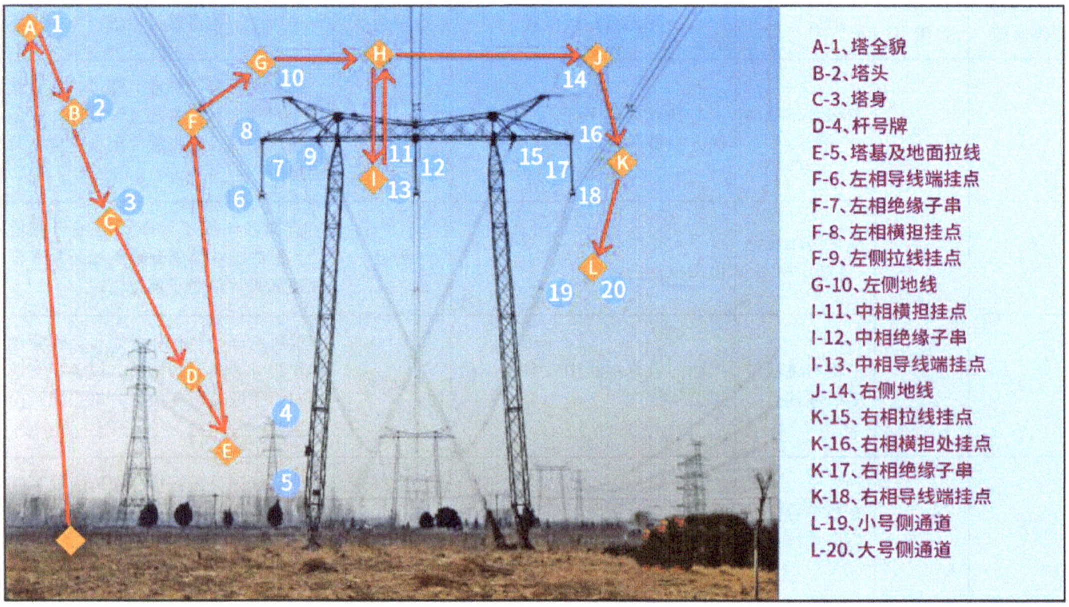

图 3－13　拉线塔无人机巡检路径规划

表 3－27　　拉线塔无人机巡检拍摄规则

无人机悬停区域	拍摄部位编号	拍摄部位	无人机拍摄位置	拍摄角度	拍摄质量要求
A	1	塔全貌	从杆塔远处，并高于杆塔，杆塔完全在影像画面里	俯视	塔全貌完整，能够清晰分辨塔材和杆塔角度，主体上下占比不低于全幅80%
B	2	塔头	从杆塔斜上方拍摄	俯视	能够完整看到杆塔塔头
C	3	塔身	杆塔斜上方，略低于塔头拍摄高度	平/俯视	能够看到除塔头及塔基部位的其他结构全貌
D	4	杆号牌	无人机镜头平视或俯视拍摄塔号牌	平/俯视	能清晰分辨杆号牌上线路双重名称
E	5	塔基及地面拉线	走廊正面或侧面面向塔基俯视拍摄	俯视	能够看清塔基附近地面情况，拉线是否连接牢靠
F	6	左相导线端挂点	面向金具锁紧销安装侧，拍摄金具整体	平/俯视	能够清晰分辨螺栓、螺母、锁紧销等小尺寸金具及防振锤。设备相互遮挡时，采取多角度拍摄。每张照片至少包含一片绝缘子
F	7	左相绝缘子串	正对绝缘子串，在其中心点以上位置拍摄	平视	需覆盖绝缘子整串，可拍多张照片，最终能够清晰分辨绝缘子片表面损痕和每片绝缘子连接情况
F	8	左相横担挂点	与挂点高度平行，小角度斜侧方拍摄	平/俯视	能够清晰分辨螺栓、螺母、锁紧销等小尺寸金具。设备相互遮挡时，采取多角度拍摄。每张照片至少包含一片绝缘子

续表

无人机悬停区域	拍摄部位编号	拍摄部位	无人机拍摄位置	拍摄角度	拍摄质量要求
F	9	左侧拉线挂点	高度和拉线塔端挂点水平	平视	能够清晰分辨螺栓、螺母、锁紧销等小尺寸金具。设备相互遮挡时，采取多角度拍摄
G	10	左侧地线	高度与地线挂点平行或以不大于30°角度俯视，小角度斜侧方拍摄	平/俯/仰视	能够判断各类金具的组合安装状态，与地线接触位置铝包带安装状态，清晰分辨锁紧位置的螺母销级物件。设备相互遮挡时，采取多角度拍摄
I	11	中相横担挂点	与挂点高度平行，小角度斜侧方拍摄	平/俯视	能够清晰分辨螺栓、螺母、锁紧销等小尺寸金具。设备相互遮挡时，采取多角度拍摄。每张照片至少包含一片绝缘子
I	12	中相绝缘子串	正对绝缘子串，在其中心点以上位置拍摄	平视	需覆盖绝缘子整串，可拍多张照片，最终能够清晰分辨绝缘子片表面损痕和每片绝缘子连接情况
I	13	中相导线端挂点	与挂点高度平行，小角度斜侧方拍摄	平视	能够清晰分辨螺栓、螺母、锁紧销等小尺寸金具及防振锤。设备相互遮挡时，采取多角度拍摄。每张照片至少包含一片绝缘子
J	14	右侧地线	高度与地线挂点平行或以不大于30°角度俯视，小角度斜侧方拍摄	平/俯/仰视	能够判断各类金具的组合安装状态，与地线接触位置铝包带安装状态，清晰分辨锁紧位置的螺母销级物件。设备相互遮挡时，采取多角度拍摄
K	15	右相横担处挂点	与挂点高度平行，小角度斜侧方拍摄	平/俯视	能够清晰分辨螺栓、螺母、锁紧销等小尺寸金具。设备相互遮挡时，采取多角度拍摄。每张照片至少包含一片绝缘子
K	16	右相拉线挂点	高度和拉线塔端挂点水平	平视	能够清晰分辨螺栓、螺母、锁紧销等小尺寸金具。设备相互遮挡时，采取多角度拍摄
K	17	右相绝缘子串	正对绝缘子串，在其中心点以上位置拍摄	平视	需覆盖绝缘子整串，可拍多张照片，最终能够清晰分辨绝缘子片表面损痕和每片绝缘子连接情况
K	18	右相导线端挂点	面向金具锁紧销安装侧，拍摄金具整体	平/俯视	能够清晰分辨螺栓、螺母、锁紧销等小尺寸金具及防振锤。设备相互遮挡时，采取多角度拍摄。每张照片至少包含一片绝缘子
L	19	小号侧通道	塔身侧方位置先小号通道，后大号通道	平视	能够清晰完整看到杆塔的通道情况，如建筑物、树木、交叉、跨越的线路等
L	20	大号侧通道	塔身侧方位置先小号通道，后大号通道	平视	能够清晰完整看到杆塔的通道情况，如建筑物、树木、交叉、跨越的线路等

注：拍摄角度和拍摄图片张数以能够清晰展示所需细节为目标，根据实际作业环境可做适当调整。

（2）审核标准。

1）拍摄内容方面。不同部件的拍摄重点及图像数量满足《无人机巡检影像人工智能识别水平提升手册》图像质量拍摄图像应清晰、曝光合理，不应出现模糊现象。输电线路目标设备应位于图像中间位置，销钉类目标及缺陷在放大情况下应清晰可见。

2）图像存放。当日巡检工作完成后，将巡检图像导出至专用电脑指定硬盘中，按照以下规范进行分级文件夹管理，见图 3－14：

文件夹第一层：××公司××kV××线无人机巡视资料（例××公司×××kV××线无人机巡视资料，“Ⅱ”为罗马数字）；

文件夹第二层：#××无人机巡视资料（例#201 无人机巡视资料，“#”在阿拉伯数字前）；

文件夹第三层：×年无人机巡视资料；

文件夹第四层：×月无人机巡视资料，当月缺陷照片存放于第四层；

文件夹第五层：每基杆塔对应无人机巡视资料。

图 3－14　图像存放示意图

3）缺陷影像资料整理及编辑。巡缺陷图像命名格式：缺陷图像按照“电压等级＋线路名称+杆号”－“缺陷简述”－“该图像原始名称”进行重命名检图像应分文件夹存放，分级管理应满足日常巡检影像报送，见图 3－15。

示例：500kV××Ⅱ线 124 号塔－上相挂点缺销钉－DSG－0001.JPG。

注：缺陷描述按照：“相－侧－部－问”顺序进行命名；

每张图像只标注并描述一条缺陷。

4）VR 设置。VR 眼镜与无人机连接、VR 眼镜正确使用步骤课可在网络平台自行搜索。VR 眼镜现场巡检见图 3－16 和图 3－17。

图 3－15　缺陷命名与标识示例

图 3－16　VR 眼镜现场巡检

图 3－17　VR 眼镜现场巡检

（3）输电线路常用金具。

对金具分类：线夹类、悬式线夹、耐张线夹；

连接金具类：球头挂环、碗头挂板、U 形挂环、直角挂板；

接续金具类：钳压接续金具、液压接续金具、螺栓接续金具、爆压接续金具；

防护金具类：防振锤、护线条、阻尼线；

拉线金具类：可调式 UT 形线夹、钢线卡子、双拉线联板。

（4）缺陷等级判别。一般缺陷指危急、严重缺陷以外的设备缺陷，指性质一般、情况较轻、对安全运行影响不大的缺陷。

严重缺陷指比较重大，但设备仍可在短期内继续安全运行的缺陷。对这类缺陷应在短期内消除，消除前应加强。

危急缺陷指严重程度已使设备不能继续安全运行，随时可能导致事故的缺陷，必须尽快消除或采取必要的安全技术措施临时处理。

（四）无人机影像资料整理与上报

以国网公司系统为例，每月 25 日前，各单位将日常巡检影像和影像库样本报送至中国电科院。使用中国电科院云平台或与中国电科院实现数据互通的单位，通过云平台报送。不具备条件的单位采取线下报送的方式。

1. 日常巡检影像报送

各单位报送的日常巡检影像应分文件夹存放。文件夹分层见图 3－18。

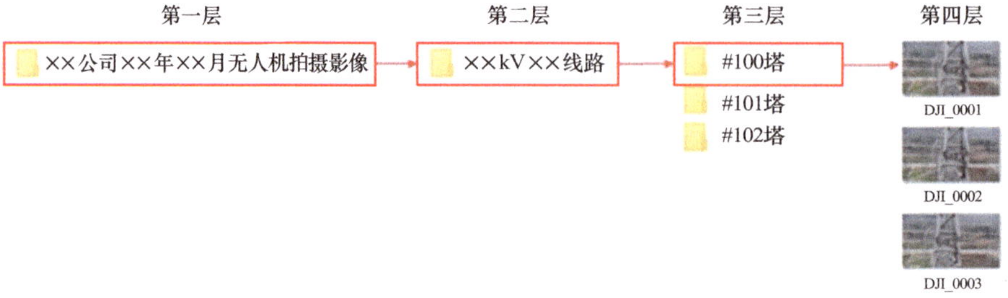

图 3－18　日常巡检影像文件夹存放示例

文件夹第一层：××公司××年××月无人机定位拍摄影像。

文件夹第二层：电压等级线路名称。

文件夹第三层：杆塔号。对于某条线路，将对不同杆塔拍摄的所有影像（包括：有缺陷和无缺陷影像）按照杆号分文件夹存放，如：#100 塔、#101 塔、#102 塔；

文件夹第四层：原始影像。存放同一个杆塔拍摄的所有原始影像（影像上无任何人为添加的标记）。若影像上存在缺陷设备，则缺陷影像文件按缺陷类型及描述重命名，如绝缘子自爆；若已采用算法智能识别并审核，则应提交该影像所对应的.xml 文件，且.xml 文件名与该影像名相同（后缀不同）。

2. 影像库样本报送

若各单位日常巡检影像中正常设备影像数量、缺陷影像中缺陷类型及对应的数量均不低于“图 14 各单位每月提交的影像类别及数量”要求，则不需单独报送影像库样本，否则，应针对缺少的缺陷类型进行模拟设置和拍摄，且将模拟设置和拍摄的影像单独存放为一个文件夹报送，文件夹分层参见图 3－19。

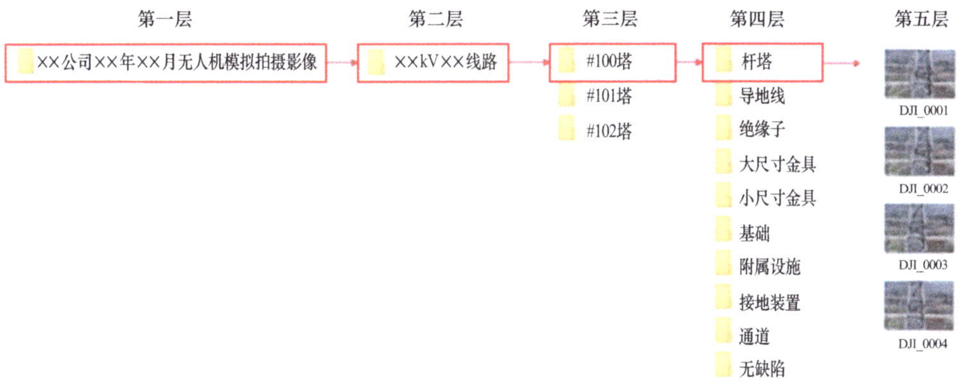

图 3－19　模拟拍摄影像文件夹存放示例

文件夹第一层：××公司××年××月无人机模拟拍摄影像。

文件夹第二层：电压等级线路名称。

文件夹第三层：杆塔号。对于某条线路，将对不同杆塔拍摄的所有影像（包括：有缺陷和无缺陷影像）按照杆号分文件夹存放，如：100 号塔、101 号塔、102 号塔。

文件夹第四层：缺陷类型。将模拟拍摄影像按照缺陷类型分类存放，缺陷类型分为：杆塔、导地线、绝缘子、大尺寸金具、小尺寸金具、基础、附属设施、接地装置、通道和无缺陷 10 类。

第四章　无人机自主巡检技术

（一）基于人工示教学习的无人机自主巡检方案

1. 定义

人工示教学习模式是由兼具高水平飞行操作技能、输电运维知识和职业素养的专业技术人员人工规划好巡视路径、拍摄位置、角度和安全点等，需要现场考虑存在的飞行障碍、安全隐患等，手动操作具备实时载波相位差分技术（RTK）功能的无人机完整飞行巡检一遍，再由具备 RTK 功能的无人机复飞校验，最终实现自主巡检。

2. 基于人工示教学习的无人机自主巡检方案的优点和不足

（1）成本低，适用性强。此方案前期投入设备成本低，电力巡检适用性强，由于是经验丰富的飞手操作，所以对杆塔的金具拍摄要求非常熟悉，可以把对杆塔金具距离控制在 2～3m，同时对拍摄角度也能根据光线找到最佳角度。

（2）全方位巡检，不存在死角。针对特殊类型杆塔以及部分金具死角，例如耐张杆塔绝缘子串与横担连接处的螺栓，可以操作无人机飞到杆塔中间进行拍摄，能够保证杆塔精细化巡检百分百巡视到位。

（3）人力成本高，耗费时间长。该方案虽然前期设备投入少，但需要付出大量的人力成本。经过测试常规熟练飞手巡检效率为 8～10 基/天左右。经验丰富的飞手可以达到 20 基/天的巡检水平，而且飞手培养需要倾注大量的时间和设备成本。

（4）巡检安全系数低。人工拍摄导致巡检安全系数低，由于规划航线操作过程繁琐效率较低，同时对飞手专业素质的要求较高，使得推广、普及具有极大的局限性。

（二）基于激光点云的无人机自主巡检方案

1. 巡检流程

（1）作业前准备。根据巡检任务需求，收集所需巡检设备的地理位置分布图，提前了解变电站特殊地形地貌、气象环境、植被分布、所需空域、通道长度、设备坐标、高度、交叉跨越以及周边和其他危险点等。

收集所需巡检设备的明细表和经纬度坐标，熟悉设备电压等级、交叉跨越及架设方式；收集设备当月运行参数和缺陷记录资料，熟悉设备的运行状态；查询巡检变电站所在地区的天气情况，提前做好飞行准备。

（2）现场勘查。巡视作业前，应现场勘查起降场地。根据现场地形条件合理选择和布置无人机临时起降点。

多旋翼起降场地平坦坚硬、无砂石，四周无高大障碍物；远离信号干扰源。起降场地上方无复杂交跨物，并与目标设备之间能够通视，从而保证图传、数传的通信链路畅通。若采用基站，需选择合理的基站架设位置。基站架设应选在无高压线、视野开阔地方，并采用油漆或者钉子标记。

（3）空域申请。根据《通用航空飞行管制条例》中，对于“飞行空域的划设与使用”的规定：从事通用航空飞行活动的单位、个人使用机场飞行空域、航路、航线，应当按照国家有关规定向飞行管制部门提出申请，经批准后方可实施；从事通用航空飞行活动的单位、个人，根据飞行活动要求，需要划设临时飞行空域的，应当向有关飞行管制部门提出划设临时飞行空域的申请。

以多旋翼巡检为例，根据收集到的设备资料数据，做好飞行计划，针对巡检设备进行空域的申请，申请流程如下：

1）制定飞行计划。根据收集到的设备资料数据，天气状况、地形地貌、起降场地等信息，编制飞行计划。飞行计划的内容包括：飞行单位；飞行任务性质，飞巡工作量；机长（飞行员）姓名、代号（呼号）和空勤组人数；航空器型别和架数；通信联络方法和二次雷达应答机代码；起飞、降落机场和备降场；预计飞行开始、结束时间；飞行气象条件；使用空域（航线）、飞行高度和飞行范围；其他特殊保障需求。

2）上报审批材料。针对此次巡检，电力部门根据巡检业务性质不同，梳理出空域申请相关材料，将联系相关管辖部门，保障电力公司在开展巡检作业时，所有无人机驾

图 4－1　航线规划示意图

驶员持有民航局认可的无人驾驶航空器飞行资格证，且获得飞行空域审批的条件下，安全飞行，绝不“黑飞”。

（4）航线规划。航线设计用图采用大比例尺地形图或具有空间地理定位的遥感卫星影像，并根据线路可行性研究或初步设计审查后路径图及勘测任务书等文件为依据。为获得数据巡检所需设备及地物完整特征，采用设备所在区域加密飞行等方式获取高精度点云数据。在飞行测区内，在保证激光数据的重叠率的前提下，需根据飞机速度、测区面积，计算航线并规划测区，见图 4－1。

（5）起飞前准备。

1）确认环境安全。无人机操作员观察作业区域周围地理环境、电磁环境和现场天气情况（雨水、风速、风向、雾霾等）是否达到安全飞行要求。

2）核查本次作业任务及飞行计划，地面站操作员导入飞行航迹。

3）基站架设。基站架设应选在无高压线、视野开阔地方，并采用油漆或者钉子标记。

4）在选定的起降场地，展开无人机巡检系统。

5）地面站准备。摆放地面站硬件至固定位置，启动地面站电源，使地面站开始进行定位。如地面站需要外挂电池进行工作，那么此时即应该使用外置电源线连接外挂电池进行工作。注意地面站需放置在稳定、不易被扰动的位置，架设高度尽量高于 2m，并距离大的金属反射面（如汽车、铁皮房等）10m 以上。

6）飞机的组装。打开飞机箱体，组装好飞机。组装完成后，进行飞机机械结构检查。确认飞机结构无问题；电机座、桨叶无松动。

7）安装电池。安装飞机所需的电池（主电源/前拉动力电池、悬停动力电池）。适当调整电池位置，确认两根扎带将电池固定紧固，并确定飞机的重心正确（位于机翼顶部舱盖的前缘往后 3cm 附近）。

8）作业人员准备工作。作业人员逐项开展设备、系统自检、航线核查，确保无人机处于适航状态，并填写《无人机作业安全检查工作单》，见图 4－2。

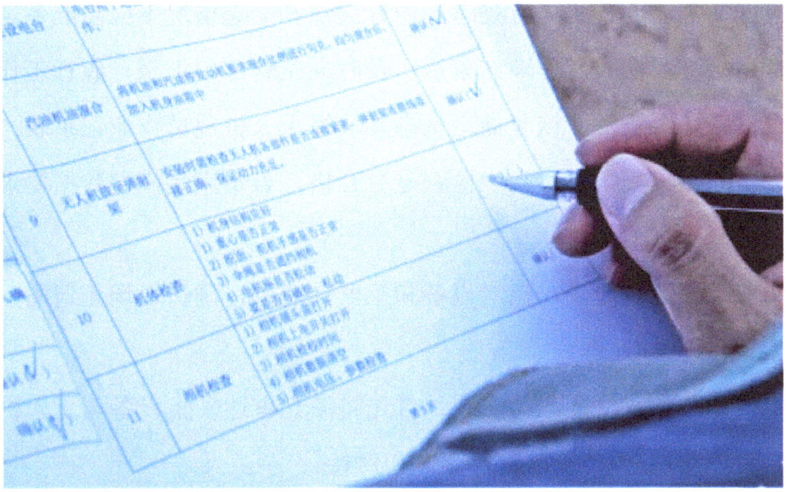

图 4－2　填写《无人机作业安全检查工作单》

9）现场负责人准备工作。现场负责人按照民航和空军相关管理规定，起飞前（一般为 1h 内）向当地航管部门报送飞行计划，并获得许可。

（6）飞行作业。

1）准备工作。

通过查台账了解飞行设备高度；

设备开机前 10min，架设基准站，开机并设置采样频率为 1Hz；

检查设备 U 盘（POS 和 LiDAR）存储空间是否足够，确定 U 盘在设备上安装稳固；

将设备挂载到无人机平台，确定挂载稳固后，开启设备，约 1min 后，检查黄灯是否常亮，绿灯 1s 闪烁 1 次；将设备放置到空旷区域静置 5min。

2）飞行操作。

在设备静置时间段内，可按照测区范围规划好飞行航线；

静置完成后，起飞，进航线前做一次加减速飞行，以完成 POS 系统的初始化（即从 0 m/s 加速到 8m/s 后再急刹到 0m/s，然后倒飞从 0 m/s 加速到 8m/s 后急速刹到 0m/s）；

加减速完成后，按照规划好的航线进行作业即可。

（7）返航降落。提前做好降落场地清理工作，确保其满足降落条件。降落时，人员与无人机应保持足够的安全距离。

无人机降落前，无人机操作人员应根据风速、风向确定降落方向；降落期间，地面站操作员应时刻监控回传数据，及时通报无人机飞行高度、速度和电压等技术参数；地面站操作员应密切关注无人机飞行姿态，做好突然和紧急情况下应急准备。

（8）飞行后检查及撤收。作业结束后，及时向空管部门汇报，履行工作终结手续；降落后，检查设备是否正常，恢复储运状态并填写无人机现场作业记录表；作业人员从巡检设备中导出原始采集数据，初步检查是否合格，若不满足模型数据要求，需根据实际情况确定是否复飞补拍。

人员撤离前，应清理现场，核对设备和工器具清单，确认现场无遗漏。

2. 激光点云数据预处理

（1）采集设备准备。任务载荷安装：首先将激光雷达采集设备与无人机飞行平台进行对接，需要对表 4－1 所列接口进行调试和对接。

表 4－1　　采集设备准备

物理接口	激光雷达设备挂载位置
	激光雷达设备与飞行器挂载方式及连接结构件
	GPS 天线安装位置及方式
	仓内外电源、数据走线方式
电气接口	激光雷达设备所需供电电压
	供电接口物理形式
	机载设备信号连接方式
数据接口	飞行平台自带设备接口形式及数据传输协议

（2）数据信息整理。对于待检测变电设备，首先收集和整理其设备台账信息、环境参数、设备运行参数等。对各类数据按类别时间等维度进行结构化整理和存储，以用于后续检测步骤的检校和最终报告的生成。

（3）激光点云的导入和预处理。对于航飞获取的设备激光点云，首先进行预处理。使用软件系统将数据自动批量化的建立空间索引数据结构后，可在三维可视化环境中一次性浏览海量点云不需要分区分块，从而提高整体浏览操作效率。见图 4－3～图 4－5。

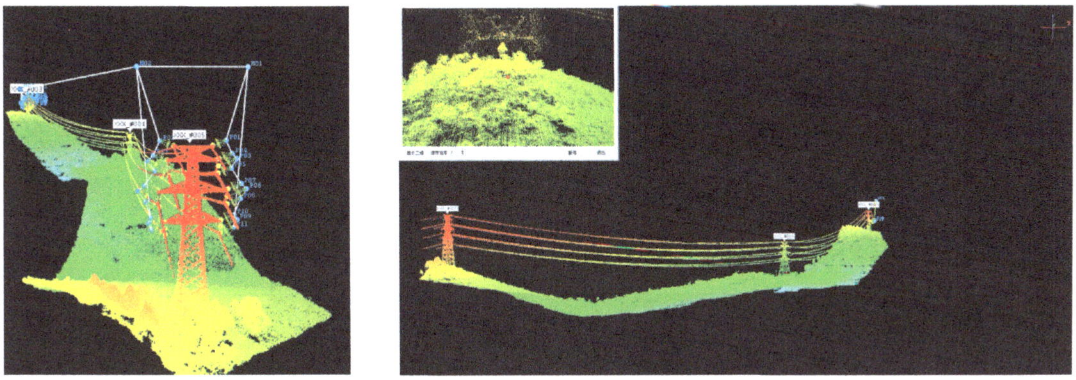

图 4－3　激光点云可视图

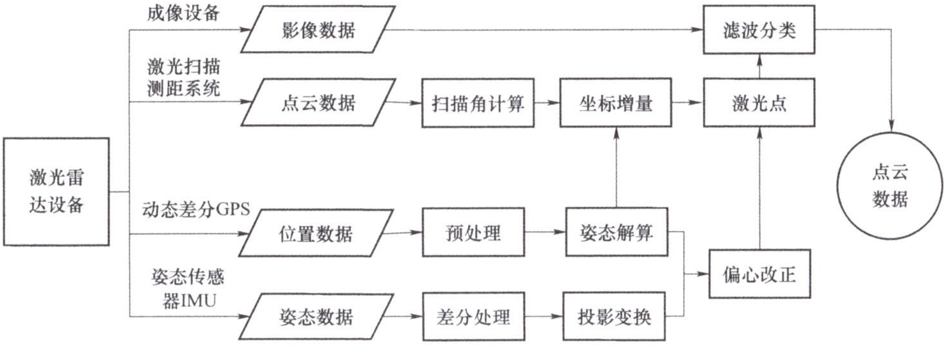

图 4－4　激光雷达设备数据处理流程

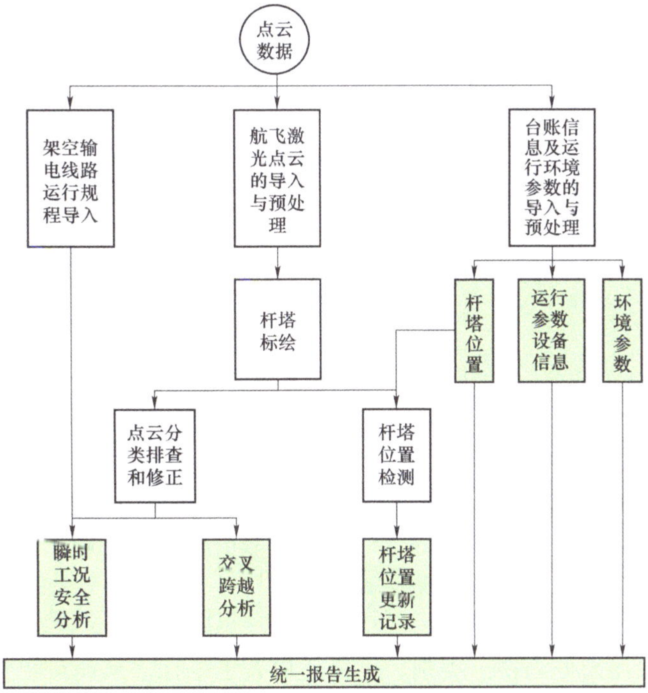

图 4－5　激光雷达数据内业处理流程

3. 激光点云三维模型

（1）设备位置台账信息校核报告。使用软件系统，通过系统自动识别或手工修正的设备位置信息，对比相应设备位置在设备台账系统中的数据，可以给出具体偏差和更新提示。自动检测得出的设备位置偏差数据，此数据可以按照统一格式加入到最终巡检报告之中，见图 4－6。

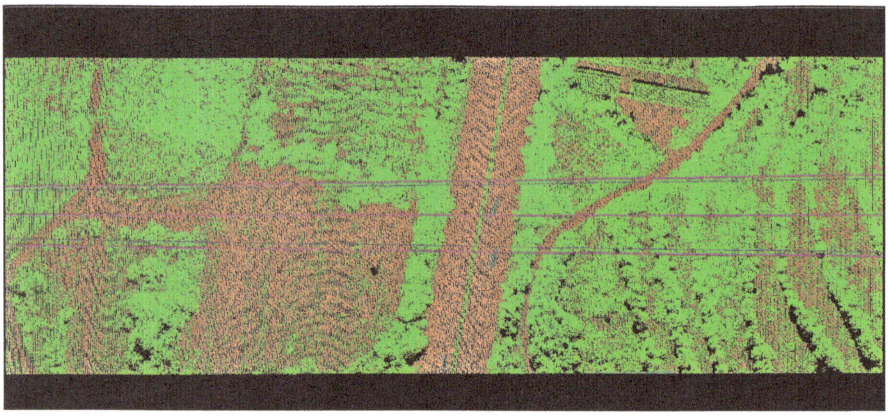

图 4－6　错误地将公路分类为地面的点云数据

（2）设备走廊自动划分。使用软件系统，根据设备实际位置信息以及运行相关标准，对设备间点云以规定电力走廊宽度进行自动划分，从而去除对后期处理无效的数据，并为需要人工排查的功能提供基本处理工作单元。图 4－7 为软件系统根据杆塔位置和运行规范自动生成的输电走廊区段边界，以及分割后的各个区段点云。

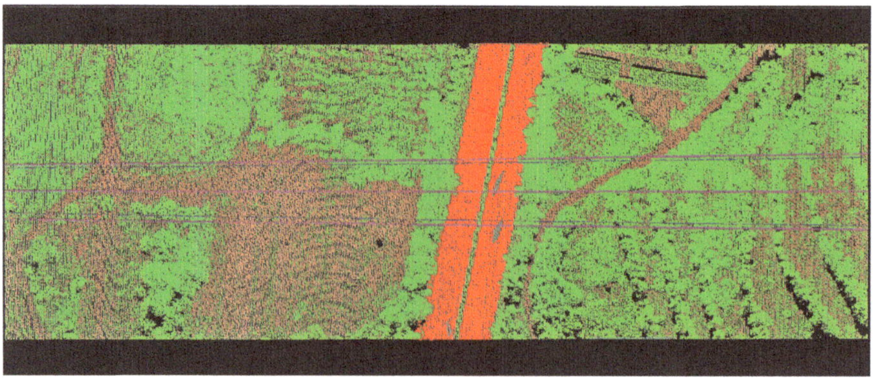

图 4－7　选中其中分类错误的激光点据

（3）点云自动化分类。通过系统软件对于设备定制自动化分类功能，可使用全自动化算法将设备走廊点云分为多个类别，无需任何人工干预，从而可以提供全自动快速的安全距离检测解决方案，见图 4－8。

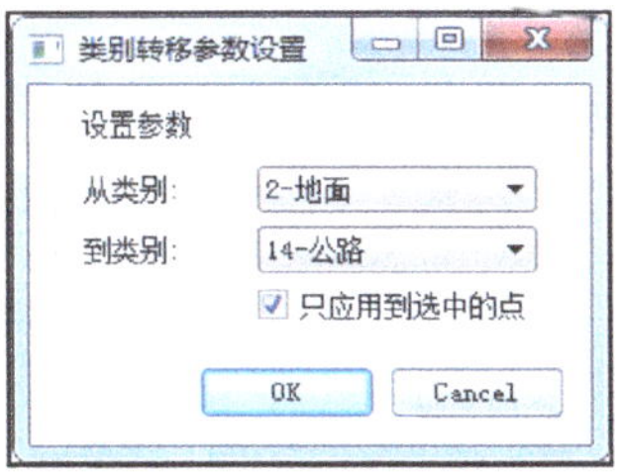

图 4－8 使用类别转移功能修正错误分类属性

（4）点云分类属性的修正。对于导入的激光点云，其分类信息可能存在误判。使用软件系统，可以对各区段点云按类别着色。如有需要，可进行点云类别的修正，见图 4－9。

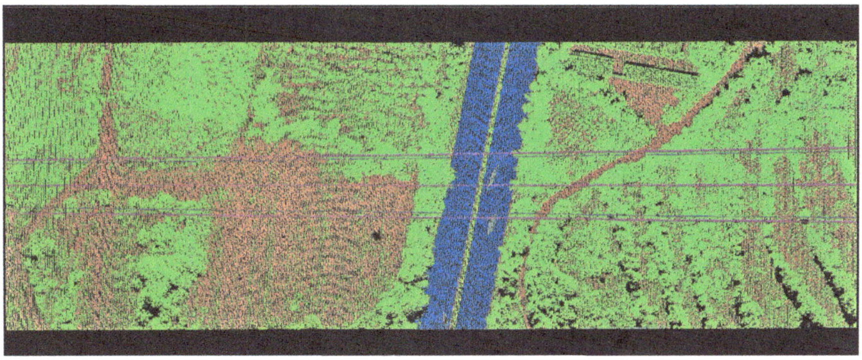

图 4－9 公路上的点云已修正为正确类别

（5）安全距离检测。根据电力行业标准及国家电网企业标准（规范）等规范要求，基于激光点云数据自动分类结果，软件系统能够达到自动进行管母导线之间、导线与地面、建筑物、树木、交叉跨越等其他间距的自动计算，形成瞬时工况安全距离检测报告，报告内容包括线路基本信息、使用的电力标准要求、危险点明细表（含坐标点、缺陷属性、缺陷半径、实测距离、日期等）和危险点详细描述（包括危险点的描述信息和危险点的平面图和断面图）。

4. 激光点云数据校核

进行激光点云数据处理时，需通过点云去噪、纠偏、复核等数据校核手段，完成激光点云数据的纠偏和数据复核，生成高精度三维激光点云模型（LAS 格式），为精准航线规划和无人机自动驾驶提供数据支撑。

（1）激光点云去噪。针对获取激光点云数据时，由于观测条件、仪器设备自身及外界环境条件的影像，扫入的噪声点影响特征点提取及三维航线规划的精度的问题，在进行点云校核、航线处理前，须采用激光点云处理软件，对激光点云进行去噪处理，效果见图 4－10。

图 4－10　激光点云去噪

去噪后的点云数据应满足以下要求：肉眼能明确、清晰辨别目标物体点云；目标物体点云无遮挡、周边无散乱无序点；点云模型空间整洁且无影响后期建模精度的异物点。

（2）激光点云纠偏。将去噪后的激光点云数据，基于同名控制点，转换到相同的坐标系中，获取精准的三维坐标。进行去噪过程中，需要保证同名控制点的布设和选取精度，见图 4－11。

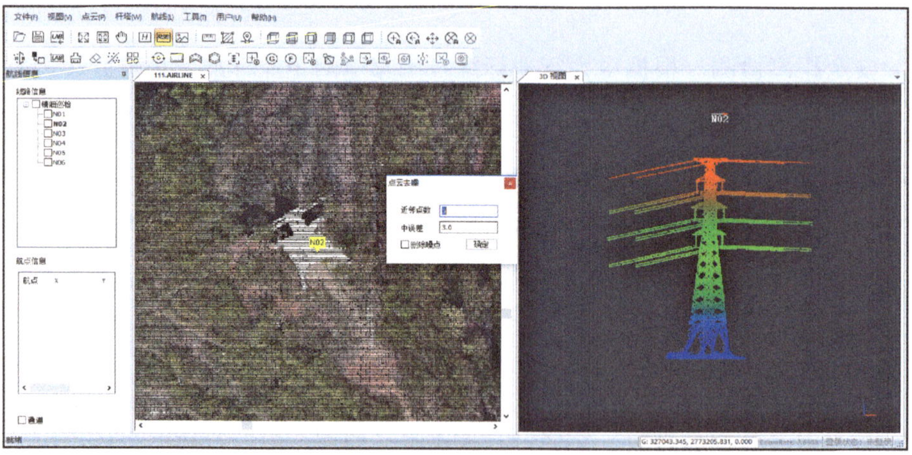

图 4－11　设置去噪参数

（3）控制点布设原则。采集控制点时保证至少 4 颗卫星的 GPS 信号，并保持 3～5min 的连续观测以达到半厘米级的精度；各方向上均有 2m 范围的开阔区域，远离高大建筑和植被，防止被遮挡。

控制点布设原则上不能少于 3 个。若需要飞行多个架次采集点云数据时，布设的控制点应落在重叠区间内。控制点精度控制在 5cm 以内。

（4）纠偏流程。从点云选取明显特征点（例如设备的角、地面凸起、有棱角的物体），并且易到达的地方，至少3个作为控制点，并记录控制点的经纬度、高程值；到现场测量点云选取的控制点的坐标值，使用网络差分RTK直接放置到控制点上（对于不能直接放置的控制点将RTK放在对中杆上测量，计算高程值是要注意是否需要减去杆高）进行测量；测量模式需要登录千寻账号、使用固定解、RTK保持水平；并记录控制点的经纬度、高程值。用现场测得的控制点坐标值与点云同名控制点坐标值进行对比，求出平均偏移值，然后将点云整体偏移进行纠偏。

（5）纠偏后点云精度要求。纠偏后的激光点云数据统一至千寻坐标系统下，纠偏的精度须控制在20cm以内。用控制点对点云数据进行纠偏后，纠偏的精度控制在20cm以内。

（6）激光点云复核。为检验校准后三维点云数据的精度，在经过点云去噪、点云纠偏后建立的模型，需要进行数据复核。首先，需要在模型上进行选点（选取的点位应具有代表性如设备底座、设备顶部，根据模型长度等间隔分布，不能少于3个）并记录坐标数据、高程数据，由专业测量人员手持网络差分RTK实地测量模型上已选取的点位坐标、高程信息，将采集到的坐标、高程信息与模型上记录的坐标、高程信息作差不能超过0.2m。

5. 激光点云数据质量

（1）坐标系统：WGS84。

（2）投影方式：UTM投影。

（3）点云密度。设备边缘点云密度应满足至少300点/m^2，植被稀疏、地表裸露区域点云密度应满足至少200点/m^2，由于激光全部被水体吸收不被反射，水体区域不作要求。

（4）采集点云质量。采集点云数据时，杆塔点云数据应结构完整，输电导线点云不应存在长距离断缺或明显疏漏，尤其在交跨铁路或高速公路上方时导线点应完整、均匀采集。

（5）点云精度要求。点云绝对精度优于10cm。

（6）数据格式：LAS格式。

6. 三维实物化工程

依据设备高密度激光点云数据、高清正射影像数据、设备台账及运行参数等信息，构建变电站激光三维可视化平台。平台可三维展示设备本体激光点云及地形地貌等空间信息，并且可以进行空间量测，危险点管理展示、设备查询定位等功能。系统完成后提供服务器解决方案培训和售后服务，现有三维可视化系统积累，可作为实现本项目需求的技术保证。

激光扫描三维可视化平台，以三维地理信息系统（三维 GIS）作为三维可视化展示的基础平台，在利用三维地理信息系统对地理空间数据进行获取、存储、管理、传输、检索、分析和显示方面有无与伦比的优势。将三维 GIS 中的工程模型可视化、激光点云数据管理、空间数据属性管理和分析技术引入到激光扫描三维可视化的管理和维护工作中，具有深远的理论和现实意义。系统基于三维交互工程模型组件实现变电站设备真实地理位置定位、三维可视化输电线路、杆塔、变电站模型数据、对路由数据进行空间分析和决策、查询和显示输变电的工程数据信息等。

三维管理平台是在计算机图形图像、虚拟现实、三维可视化等技术基础上构建的地理信息系统平台，实现了空间数据的三维展示、三维空间分析、测量、查询检索等功能。三维管理平台整合了包括基础地理信息、自然环境信息、电力设备设施信息、电网运行状态信息等以及视频、图片、影像等多媒体信息，构筑了一个“数字电网”。通过变电站设备相关数据在计算机上进行仿真，再现了该区域的自然环境，实现三维立体显示、线路空间模拟分析等功能，可以实时、直观地了解电网的各类信息，辅助工作人员进行业务管理，从而实现对电网科学、有效的管理，提高电网管理质量和运行效率、降低运营成本。

（1）多种展示与浏览管理方式。点云数据的多种展示和浏览方式包括：区域数据总览或快速缩放至指定区域，具有飞行浏览功能三维空间量算功能。计算机图形图像、虚拟现实、三维可视化等技术基础上构建的三维浏览平台，实现了对已加载点云数据的三维展示、三维空间分析、测量、查询检索等功能，见图 4－12。

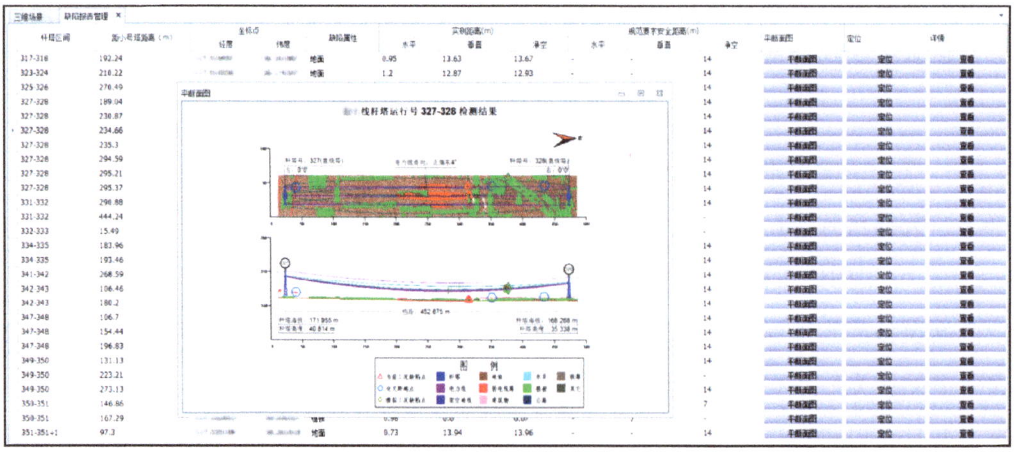

图 4－12　缺陷点管理与定位查询

（2）海量数据加载。海量三维数据的快速浏览，采用 LOD 作为模型层次结构，使用分层分块的调度策略。主要涉及的技术包括 LOD 分层技术、栅格数据金字塔、空间数据快速索引等。其中细节层次（Level of Detail，简称 LOD）模型是指对同一个场景或场景中的细节，使用不同细节的描述方法得到一组模型，供绘制时选择使用。由于人们通常使用多边形网格（特例为三角形网格）来描述场景中的图形物体，因而 LOD 模型自动生成就转化为三维多边形网格简化问题。为物体提供不同的 LOD 描述是控制场景的复杂度和加速图形绘制速度的一个非常有效的办法，见图 4－13、图 4－14。

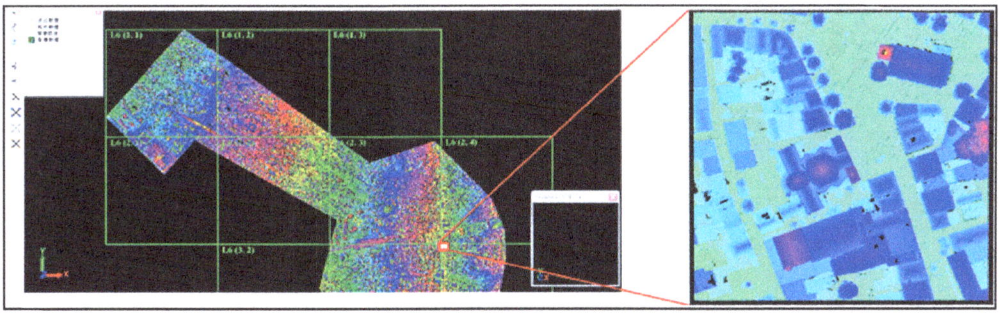

图 4－13　海量点云数据加载

图 4－14　大区域三维点云加载功能

（3）三维空间量算功能。通过交互点选方式可以测量任意位置之间的空间及平面距离，如杆塔、引流线、绝缘子串、植被等，要具备操作性强、位置准确等特点。

三维空间量测包括：

距离量测：包括地表距离测量和任意空间点之间的距离测量。

高度测量：从地表起算的高度测量，以及空间两点之间的高度测量。

面积测量：地表面积测量和三维空间内的面积测量。

（4）三维点云数据智能一站式处理流程，见图 4－15。

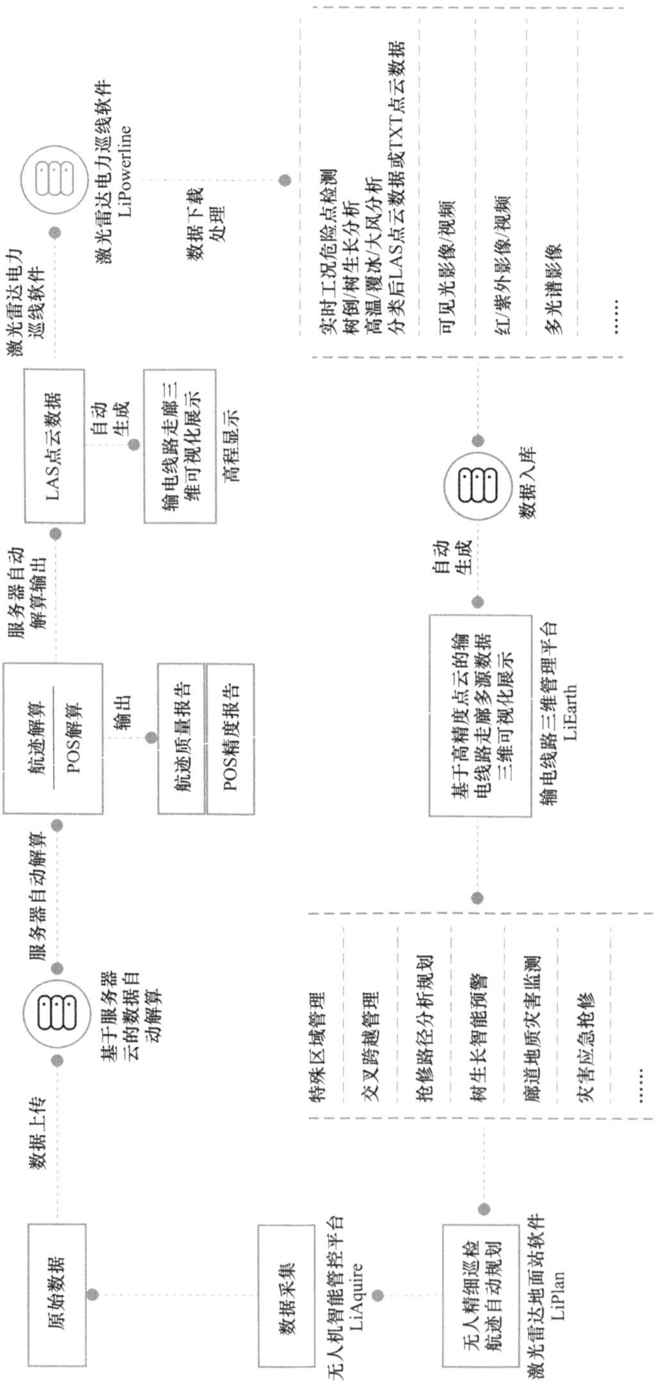

图4-15 三维点云数据智能一站式处理流程

第五章　无人机检测技术应用

（一）无人机雷达激光技术

激光雷达 LiDAR（Light Detection and Ranging），是激光探测及测距系统的统称，是一种通过位置、距离、角度等测量数据直接获取对象表面点三维坐标，实现地表信息提取和三维场景重建的对地观测技术。激光雷达最基本的工作原理与普通雷达相似，均是通过发射系统发送一个信号，由接收系统收集并处理与目标作用产生的返回信号，来获得对象表面的三维信息。激光雷达技术在测量精度和电力设施建模中具有明显优势，非常适合应用在输电线路巡检。

激光雷达技术应用在输电线路巡检中都有哪些优点呢？传统人工巡检需要人工携带仪器实地测量检查，误差大、效率低、线路巡护人员工作负担重。传统无人机巡检与人工巡检相比，作业效率得到了提升，但搭载的红外、可见光相机等设备这些技术的空间定位精度均不高，更重要的是，通过航空影像数据很难精确判断线路走廊地物（比如树木等）到线路的距离，从而引发的线路闪络容易导致线路跳闸。

激光巡检技术与传统的摄影测量技术相比，其量测精度更高，地物坐标获取更加直接。通过激光雷达系统巡线采集、处理电力沿线的激光点云，实现电力线路的真实三维重建，恢复电力线路的沿线地表形态、地表附着物（建筑、树木等）、线路杆塔三维位置和模型等，大大减轻线路巡护人员工作负担。具体优点主要有以下四点。

第一点：自主航线规划。对输电线路通道进行激光雷达扫描和航拍。可全天候作业，不受任何环境光照和天气影响。数据采集速度快，效率高。

第二点：获取高精度点云。获取的点云数据约 35 点/m^2，分布均匀，噪点很少，不同航带间点云数差极小。线路地物测量精度高达 15mm，每秒 75 万点测量速率。杆塔、导线、交跨线、植被、建筑等地物的点云完整，无漏测。进一步提升了后期处理的效率和巡检成果的质量。

第三点：获取精确的地形、地貌数据。将点云进行分类滤波处理后，构建出高精度的数字表面模型 DSM，实现线路走廊三维地形、地貌还原。直观清晰地看到所有地形、地貌（电塔、塔杆、挂线点位置、电线弧垂、树木、建筑物等）的精确信息。

第四点：进行安全运行分析。能够快速准确地判断出危险点所处位置和处理办法。根据输电线路安全距离的要求，自动进行线路走廊内导线与植被、建筑物、公路铁路交叉跨越等净空安全距离检测计算。对超过预定安全距离的危险点形成报表并进行标识提示。软件自动判断出线路上存在风险的位置和风险类型。

（二）无人机倾斜摄影技术

近年来，随着我国“数字城市”向“智慧城市”的不断转型升级，以二维矢量数据为主的 GIS 应用已经难以满足当前的需求，一种所见即所得、更加直观的城市三维实景模型逐渐成为大众热衷的表达方式。目前其已成为三维基础地理信息系统的重要数据载体，因此，如何快速构建城市三维实景模型成为当前 GIS 应用领域研究的一个热点问题。在构建城市三维实景模型技术方案中，传统的人工单体建模存在建设周期长、成本高、精度低、与真实世界反差大等缺点；基于激光扫描和雷达技术的三维建模虽然精度高，但受制于成本高昂、数据处理量大等弱点，主要适用于小范围的精细模型构建。

无人机倾斜摄影测量技术的出现较好地解决了以上难题，该技术通过用自动化的方法构建三维模型，标准测量是同一台无人机上搭载着五个镜头相机从垂直方向和前后左右四个方向倾斜多角度采集影像数据、获取完整准确的纹理数据和定位信息。在影像采集时，最好是五组镜头都能覆盖被拍摄物体的特征，覆盖的影像越多，所包含的空间和纹理信息就越多，建模的效果就越好。在无人机倾斜摄影一般场景中，重叠率大多采用航向 80%，旁向 70%。

倾斜摄影具备不少优点，包括：

第一点：低成本，用可见光，即可得到点云，在有 RTK/PPK 高精度定位技术的支持下，同时有控制点的支持下，解算出来的局部精度是厘米级的。

第二点：效果好，都是真彩色点云，效果直观好看，使用修正软件可以建立真实的三维实体模型。

第三点：作业和飞行技术成熟，现在多旋翼、固定翼、有人直升机、动力伞、飞艇等各种装备都可以挂载各种多拼相机，而且像精灵等高像素相机等单镜头无人机也能高效快捷完成工作。

第四点：数据量小，相较庞大激光点云的三维数据，应用倾斜摄影技术获取的影像的数据量要小得多，其影像的数据格式可以应用于各种输电线路三维设计平台上。

1. 基于无人机倾斜摄影测量技术的三维实景建模

（1）倾斜摄影测量技术原理。倾斜摄影测量技术是国际遥感领域近年来新兴发展的一项高新测绘技术，我国自 2010 年开始引进国内，现已得到迅猛发展。该技术有效融合了常规航空摄影测量与近景摄影测量技术的优势，但又与常规航空摄影测量只能拍摄地面俯视信息不同，它通过在飞行平台上搭载五镜头相机和先进的定姿定位系统，能同时从 1 个垂直方向和 4 个倾斜角度来采集地面影像（见图 5-1），其中垂直于地面的正片用于制作传统的 4D 产品，另 4 组斜片可用于获取到地物侧面的纹理信息。所拍摄的倾斜影像再借助于全自动高性能后处理系统，可快速构建出具有地物准确位置和清晰纹理的高分辨率真三维场景，相较于传统三维模型庞大的数据量，倾斜摄影测量的数据格式可兼容多种 GIS 应用，并可快速进行网络发布，实现应用共享。

（2）无人机倾斜摄影测量三维建模技术流程。无人机倾斜摄影测量三维建模技术是以当前流行的无人机作为飞行平台，无人机携带五镜头相机进行倾斜影像的采集，其应用于三维建模的技术流程主要有：倾斜影像数据采集（外业航飞、像控测量）、多视角三维空中三角测量、真三维模型自动生产（模型重建、模型修复、生成实景真三维模型，见图 5-2）。

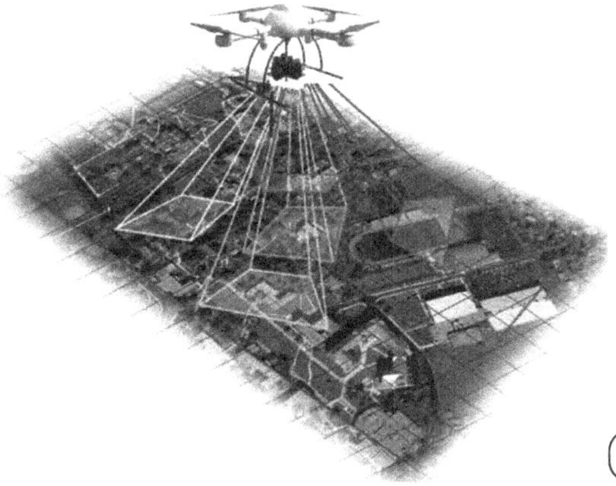

图 5-1　无人机倾斜影像获取示意图

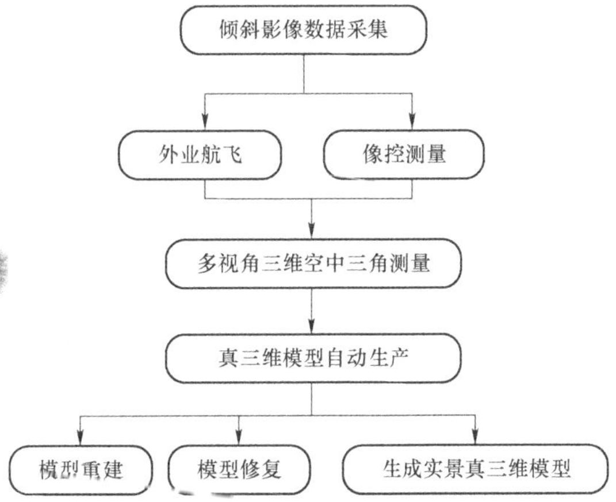

图 5-2　无人机倾斜摄影测量三维建模技术流程

2. 应用实例

对倾斜摄影技术有了初步的了解，我们再来认识如何将倾斜摄影技术应用在架空输电线路上？输电线路的周期性巡视工作主要有本体巡视和通道巡视。本体巡视是针对导地线、杆塔及塔上设备进行的巡视工作，及时发现已经发生的设备老化失效或潜在的风险。其主要数据内容为可见光影像、红外影像、紫外影像等。这些传感器已有适用于轻小型无人机的成熟产品。如常见的大疆精灵系列，可见光已达 2 千万像素，适配的红外也达到 640×480 分辨率，采集的影像分辨率已可完全满足生产应用需求，并且操作简单便捷。而通道巡视的主要目的是发现线行保护区内环境变化导致的线路风险。摄影测量只需要应用普通的相机即可完成数据采集，通过软件进行复杂的立体计算完成地形地貌的三维还原和测量工作。结合立体成像的原理，通过人工辅助还可以还原导线位置信息。

与由激光点云数据进行三维建模相比，基于无人机的摄影测量技术有很明显的优势：一是设备简易，不需要精密的定位定姿传感器，普通的卡片相机也可得到满足工程应用精度的成果；二是吊舱轻便，可以保证较长的续航时间；三是经济性好，无人机作业成本低，也不会因无人机损毁造成较高的设备损失。

（三）无人机红外检测复合绝缘子技术

随着我国电力需求的不断增加，我国电网的规模和输送能力日益壮大。架空输电线路作为电网的重要组成部分，其建设与社会经济发展紧密关联。随着架空线路投运时间的增长，线路各元器件都出现了不同程度的老化、劣化。而复合绝缘子作为架空输电线路的重要组成部件，承担着线路电压和机械应力的综合作用。受潮湿环境、酸雨酸雾、电晕放电等因素影响，绝缘子内部芯棒极易因酸蚀、电蚀而导致护套内部产生局放发热现象，此情况发生后将加速芯棒老化、劣化，进而导致绝缘子机械强度下降，在恶劣工况下还可能发生断串、掉线事故，后果不堪设想。为此，如何采取经济有效的方法实现复合绝缘子老化状态的高效可靠评估对提高线路运行的可靠性和安全性有着非常重大的意义。

1. 复合绝缘子检测现状

目前对复合绝缘子老化的检测主要通过憎水性检测、拉力检测和温度检测手段实现。憎水性检测是通过复合绝缘子伞裙表面憎水性强弱来判断其表面防污闪能力的，是目前广泛应用的复合绝缘子老化状态分析方法。检修人员搭载云梯或攀爬杆塔对目标绝缘子进行喷水作业，通过观察水滴在绝缘子伞裙表面的分布形态，对比分级判据和标准图片，得到绝缘子表面的憎水性状态。这种人工登塔的作业模式实施成本低、操作简单，但安全性低、主观依赖性强、效率和准确性得不到保障。拉力和温度检测主要目的是验证绝缘子的机械强度。拉力检测是离线情况下对复合绝缘子进行拉伸负荷试验，测试其破坏拉力值，进而检测其机械强度。这种方法是一种强制性测试法，并且需要在非带电在运情况下操作，具有很大的局限性。

而温度检测是通过在线测试绝缘子芯棒局部放电发热情况来反映其机械强度的，传统的测温技术主要是人工手持式红外测温。然而复合绝缘子发热具有方向性和观测角度的局限性，导致手持式红外测温也尚未广泛应用。此外，憎水性、拉力和温度检测手段都是对绝缘子进行随机抽检，无法有效验证个例的劣化水平，具有较大随机性；抽检完成后根据试验情况采取按一定年限（大于 18 年）全部更换绝缘子的方式降低其劣化风险，这种大面积更换造成资金浪费，同时停电更换影响供电可靠性。人工巡检不仅会消耗大量的财力、人力和时间，还会影响线路的日常运维和巡视。

2. 无人机红外检测装置

随着无人机在民用领域应用日益广泛，无人机巡检输电线路技术已发展成一种高效、低成本、低风险的空中巡检技术，是提升输电线路运行可靠性的重要手段之一。当下，采用无人机进行线路巡检、线路架设和污秽清理等已进入推广应用阶段。

多旋翼无人机是一种机动性强、稳定性高、敏捷安全、操作简便的飞行平台。针对复合绝缘子温度检测，采用无人机搭载红外检测设备的方案替代原有的人工手持，可兼顾检测准确高效、安全灵活。以大疆 M300 多旋翼无人机为飞行平台，搭载热成像传感器和可见光传感器，研制出适用于无人机搭载的红外温度检测装置。该装置集成了红外测温、可见光成像、频率调节、无线遥控等功能。

无人机红外检测装置可分为飞行平台、红外测温、辅助测量及无线通信。

飞行平台采用 M300 多旋翼无人机，内置高性能 RTK 模块，采用双冗余 IMU 设计和气压计，提升安全性，提供敏捷、稳定、安全的飞行性能，抗电磁干扰能力强，即使输电塔产生强大的磁场，无人机也能确定方向，并能在近距离检查输电塔时维持稳定的飞行状态。

红外测温部分可通过搭载 XT2 红外云台测量绝缘子温度和采集红外图像。XT2 云台采用 FLIR 非制冷氧化钒热成像传感器，可同时录制、传输热成像，分辨率可达 640×512，灵敏度小于 50MK，采用 19mm 镜头，可保证无人机在距离绝缘子 10m 即可取得细节丰富、清晰的红外影像。

辅助部分主要是可见光传感器，可采集、录制可见光影像，巡检人员可在安全距离处通过 Z30 高倍率变焦相机查看绝缘子细节。

无线通信部分基于数传图传系统实现整个装置的远程无线控制。其任务主要包括测量数据的实时发送和地面遥控指令的及时响应。通信模块采用 Ocusync2.0 图传系统，信号传输距离最远可达 7～8km。遥控器可在 2.4GHz 与 5.8GHz 双频段间自动切换，大幅增强抗干扰能力和图传稳定性。

3. 无人机红外检测流程

本教材以单回路直线杆塔巡检为例，对无人机巡检的一般作业流程进行介绍：

明确红外巡检任务，确定红外巡检对象，如金具、复合绝缘子、瓷质绝缘子等。

收集巡检线路资料，确定巡检线路名称、电压等级、杆塔类型、巡检杆塔范围等。

进行现场勘查，了解巡检线路情况、地形（平原、丘陵、山地等）、地貌（林区、河流等）、气象环境、植被分布、周边障碍物、构筑物、空中管制情况、起降场。

制定飞行作业计划，确定无人机红外巡检系统、作业人员要求、安全要求、气象要求、维护保养要求等。红外巡检尤其要做好现场资料记录，包括地形地貌、作业现场情况、相机参数设置、实际飞行情况（实时记录），飞行过程记录、起降场地、空中管制情况、飞行作业时间等。

进行旋翼无人机红外巡检作业，根据现场作业情况调整无人机拍摄位置、拍摄角度，拍摄照片质量需满足要求。

对红外影像进行数据处理和分析，对同类型设备目标点间的温差、不同类型设备间的温差进行分析对比。

输出分析报告，若出现异常情况，则及时上报相关情况。

为了更清楚深刻地了解巡检流程，下面对实际单回路单基直线杆塔无人机红外巡检拍摄步骤进行阐述。

操控无人机从起降场起飞，飞行至左相绝缘子外侧 5～8m，1 号巡检作业点（绝缘子本体大号侧）附近，见图 5－3。

对左边相、中相绝缘子本体进行拍照。为排除地面、杆塔对绝缘子伞裙、金具的遮挡影响，体现芯棒温度，拍摄红外照片不少于 2 张。

操作无人机垂直上升至最高杆塔高度加 10m 高度，飞行至杆塔另一侧与线路边线水平距离 15m 处，再垂直下降至绝缘子高压端等高位置。

操作无人机飞行至右相绝缘子外侧 5～8m，3 号巡检作业点（绝缘子本体大号侧）附近。

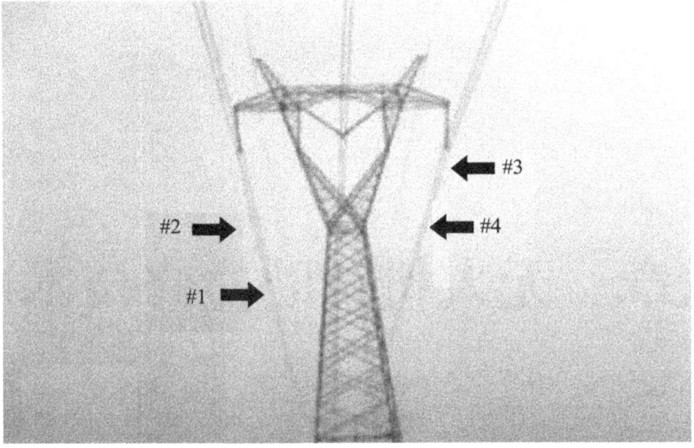

图 5－3　起降场

对右边相、中相绝缘子本体进行拍照。为排除地面、杆塔对绝缘子伞裙、金具的遮挡影响，体现芯棒温度，拍摄红外照片不少于 2 张。

操控无人机飞行至 4 号（绝缘子本体小号侧）位置，重复步骤。

4. 后期数据处理

目前无人机巡检作业已成为输电线路智能巡检的重要方式，然而无人机在巡检过程中拍摄的大量数据资料，其信息还存在不清晰、不规范、不全面、不一致、较混乱等问题，因此有必要对现场采集的大量离散型数据进行标准化编码和归类，建立完整、详实的数据归集分析体系。在对现场采集的数据进行标准化归集的基础上，通过红外分析软件进行数据智能分析，构建大量信息丰富的红外图谱数据库，实现部位和缺陷的标准化描述和标注，而后生成报告输出，最终为实现绝缘子的全寿命周期管理提供基础数据。近年来，随着图像识别处理技术的发展，红外数据处理的智能化水平也逐渐提高，已可做到自动识别部分目标设备并进行缺陷分析。后期数据处理的具体流程如下：

将红外数据进行归类整理，筛选出合格的红外影像照片；将红外数据进行重命名，与拍摄设备对应起来；将需要分析的数据导入照片到 Flirttools；调整外部参数，如辐射率、反射温度、距离、相对湿度等。获得输电线路设备上的目标位置温度、设备其他位置参考温度。对同类型设备目标点间的温差、不同类型设备间的温差进行分析对比；输出分析报告，若出现异常情况，则及时上报相关情况。

基于无人机红外检测技术的复合绝缘子温度检测方法，实现了复合绝缘子机械强度检测的无人化，克服了传统人工登高作业模式的弊端，提升了线路检测的效率和安全。同时，基于数据归集和红外分析软件可建立大量标准化红外图谱，为输电线路绝缘子的故障诊断提供了基础和依据。

第六章　无人机辅助检修技术应用

（一）无人机辅助检修技术概述

随着人工智能、5G 通信、大数据等信息技术及传感器技术等的不断发展和深度融合应用，将攻克无人机自主巡检一系列关键技术，全面突破复杂场景实时感知与避规、实时目标智能识别与跟踪、智能路径规划、智能飞行控制与自主决策、动态精准定位、环境自适应拍摄、多机多任务协同控制、协同语义交互等一系列制约无人机应用的技术瓶颈。通过无人机系统在线环境感知和信息处理，全方位感知作业环境并规避障碍物，实时智能避障和自主航线规划，按照巡检任务要求，自主决策并生成优化的巡检路线和控制策略，实现开放、动态、复杂输变配工况环境下无人机电力巡检的智能化和多机协同巡检的智能化，智能、安全、高效地开展电力巡检，大幅提升电力巡检的智能化程度，巡检效率和质量，以及供电可靠性，有效解决结构性缺员等问题。并不断深化和扩展无人机电力行业应用，探索开展智能化无人机异物清除、带电水冲洗等带电作业，基于无人机的复合绝缘子憎水性检测等检测作业，逐步推动无人机检测、检修智能化。

（二）无人机喷火清障

××地区气候属于典型的温带大陆性半干旱气候，风大沙多。在大风天气发生时，农场塑料薄膜以及公园的风筝、孔明灯等飘挂物很容易被强风吹走，从而有可能挂在高压架空线路上。由于高压架空线路为裸露的，所以横跨线路之间的飘挂物很容易引起线路短路，从而导致供电所设施跳闸，造成局部地区停电的后果，最终造成极大的经济损失。而传统的架空高压线路飘挂物清理办法需要停电然后人工作业，这种办法不仅耗时耗力，而且对抢修人员有极大的危险。

1. 背景分析

（1）需要停电，影响线路运行和客户用电。目前，排除飘挂物的方式多为停电检修处理：通过申请停电、组织人员讨论定制飘挂物拆除方案、调派专业检修人员执行异物拆除以及检测恢复供电等多个步骤来完成。

（2）人工清除危险度高、工作强度大。现存的清除方法不仅安全系数低、劳动强度高、作业效率低、处理周期长、拆除不完全，而且还导致了巨大的经济损失。这两种方法都需要投入较多的人力物力，且作业程序复杂、时间长，人劳动强度大，安全可靠性低。人工作业时不可忽视的缺点有：风险性高，飘挂物一般都会出现在输电线路档距间的导线上的高空中，人工作业是具有很大风险的；效率低，处理飘挂物时人工从塔下爬上高空，然后爬向飘挂物处进行作业，同时由于异物种类、缠绕方式多种多样，基本依靠带电作业过程中作业工人“随机应变”来处理异物，完成一次飘挂物清理将耗时几个小时左右；损失大，有些与配电线路构件缠绕紧密的异物，危险性较高，输电工人进行作业期间需对作业部分电路停电，然而停电处理直接降低了供电的可靠性，影响人民生活，期间会造成巨大的经济损失。由于环境因素的影响，假如碰到河道、鱼塘、铁路、公路和其他技术人员不容易到达的地点，难以正常开展带电处理异物。对于异物处理时环境较复杂情况下，是不能有效应用翻跟斗滑绝缘绳法和绝缘操作杆法来进行带电处理异物。而此时采用遥控喷火飞行器带电处理异物装置，通过飞机的遥控飞行功能，并结合喷火枪的喷火性能来处理异物。由技术人员在地面位置控制飞行器，使其飞至异物附近，之后通过遥控点火来燃烧异物，进而实现处理异物的效果。

因此，在无人机开始普及的科技背景下，设计一种可远距离控制，智能瞄准清除障碍物的清障装置尤为重要。最终无人机小组确定的课题为：输电线路喷火清障无人机的研制。

2. 具体实施方案

（1）设定目标。QC 小组设定的总目标：基于多旋翼无人机的架空高压线的可旋转智能喷火清障装置。

可行性分析：小组成员进行网上查询和材料分析，确认该项目有充足理论依据；小组成员实践经验丰富，有浓厚的工作热情，具备解决问题的能力；与相关厂家进行沟通，厂家具备成熟的技术能力与生产能力。

（2）提出方案并确定最佳方案。通过与同行业及部分厂家沟通，小组成员查阅各种资料，调研市场，充分发挥自己的能力，并采用“头脑风暴法”，针对研制输电线路喷火清障装置，提出了三种方案，见表 6－1、表 6－2。

方案 1：基于非无人机平台的架空高压线路喷火清障装置；

方案2：基于航模直升机携带喷火装置对架空高压线路障碍物进行喷火清障方案；

方案3：基于多旋翼无人机可旋转式智能喷火清障装置。

表6-1　　原　理　表

序号	原理	优缺点	结论
1	通过机械装置依附于线路上或绳索进行行走，该机器人身上携带有喷火装置，可以实现对架空高压线路障碍物的喷火清障作业	优点：续航时间长，携带燃料多。 缺点：重量大、体积大、需额外人工辅助装置，耗时费力	不采用
2	通过航模直升机携带喷火装置对架空高压线路障碍物进行喷火清障	优点：续航时间长、载荷较大。 缺点：易受电磁干扰、操作极为复杂、稳定性差	不采用
3	通过多旋翼无人机飞行平台搭载可旋转喷火装置	优点：抗干扰性强、抗风能力强、喷火效率高。 缺点：续航时间较其他方案短	采用

（3）制定对策表。

表6-2　　对　策　表

主要原因	对策	目标	措施	地点	负责人	完成日期
输电线路人工登塔作业清除悬挂异物费时费力	多旋翼无人机可旋转式智能喷火装置可直接对线路悬挂的异物进行喷火清障	高效安全地完成喷火清障任务	六旋翼无人机平台的搭建、喷火装置的组装与调试、地面站的调试与连接	××××工厂办公室	××× ××× ×××	2018.5.10 2018.5.16 2018.5.20

（4）按对策表实施，见图6-1～图6-3。

1）搭建六旋翼无人机飞行平台，见表6-3。

表6-3　　搭建六旋翼无人机飞行平台

对策	目标	措施	地点	负责人	完成日期
根据现场实际情况选用合适的多旋翼无人机飞行平台	满足长续航、大负荷、抗风性强、飞行平稳的要求	A 选用六旋翼无人机； B 网店选购	网店	×××	2018.5.10

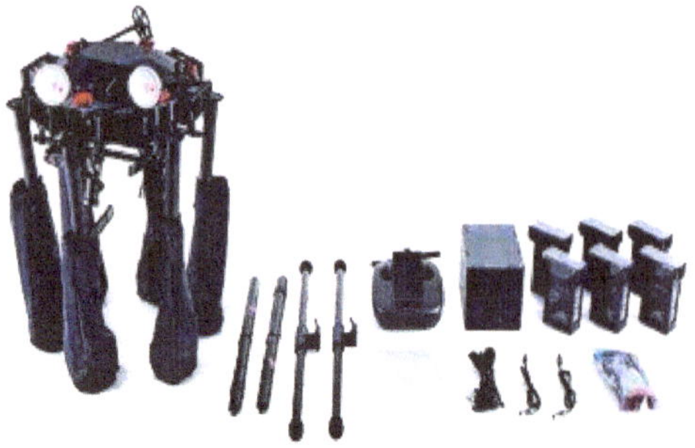

图6-1　组装完成的六旋翼无人机图

图6-2　六旋翼无人机图

2）设计组装喷火装置，见表 6－4。

表 6－4　　设计组装喷火装置

对策	目标	措施	地点	负责人	完成日期
制作喷火装置本体	按装置的结构及制作要求进行制作	A 将图纸提供给厂家加工制作； B 按制作要求，验收装置	××××工厂	×××	2018.5.16

图 6－3　喷火装置设计图纸

3）装置实验检测，见表 6－5。

表 6－5　　装置实验检测

项目	技术要求	检测结果	检测人
外观	与设计图纸相符	合格	×××
装置材料	钢材、碳纤维	合格	×××
动作可靠性测试	喷火测试次数不少于 5 次，喷射火焰不小于 3m，喷射时间不小于 1min，火焰温度满足 380°～450°之间	合格	×××

成果 1：开发基于多旋翼无人机可旋转式智能喷火清障装置 1 套，现场部署并投入运行。

成果 2：完成了《基于多旋翼无人机可旋转式智能喷火清障装置》操作手册 1 份、《基于多旋翼无人机可旋转式智能喷火清障装置》技术手册 1 份。

成果 3：申请并受理发明专利 1 项。

专利名称：基于无人机的高压线飘挂物智能清障系统及清障方法（见图 6－4）

受理号：201811112473.5

申请日期：2018 年 09 月 25 日

申请人：国网××电力有限公司检修公司，国网××电力有限公司

成果 4：录用学术论文 1 篇。

论文名称：《基于多旋翼无人机的架空高压线飘挂物智能瞄准喷火清障系统》发表于《电力系统装备》，2018 年 11 月，作者：×××、×××。

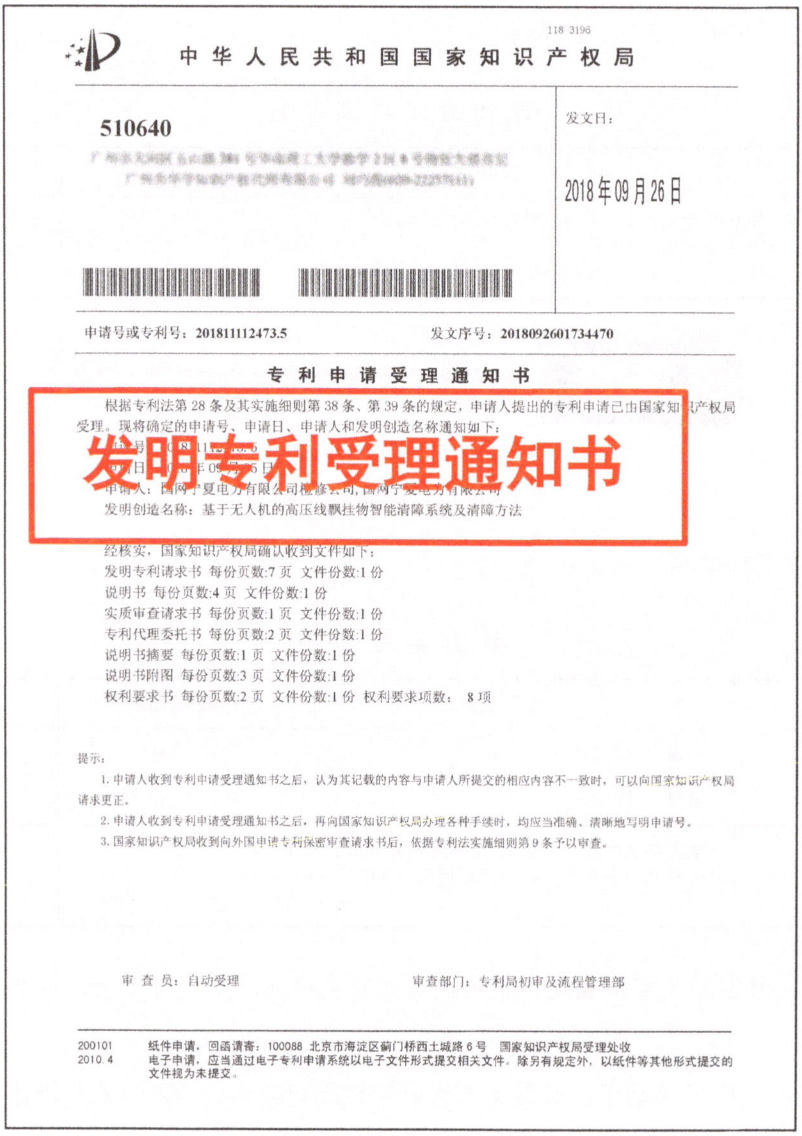

图 6－4　专利受理通知示意图

（5）操作方法。打开加油口盖加入少量汽油，接通喷火装置电源，检查点火、喷油和 FPV 图像是否正常；确认设备正常后，注入适量汽油后盖好盖子。

启动设备，起飞前往作业区域；主飞手控制飞机，使喷火装置的 FPV 镜头对准目标物，机体与目标距离在 3～5m 距离比较合适。

副飞手试喷油点火，通过监视器观察是否能命中目标物。若能命中则可以正常作业进行间隙点火，直至漂浮物焚烧清除；若不能命中，则根据实际情况让主飞手调整飞机位置，进行二次试点火，直至能正常完成作业，作业完成后操作飞机飞回降落。

（6）确认效果。使用效果验证：六旋翼无人机能够负载2.5L油箱，飞行时间不小于20min；喷火装置的激光雷达测距系统准确发挥，能够有效避障；喷火装置火焰喷射长度不小于3m，单次喷射时间不小于1min，能够有效清除塑料薄膜类异物，见图6－5。

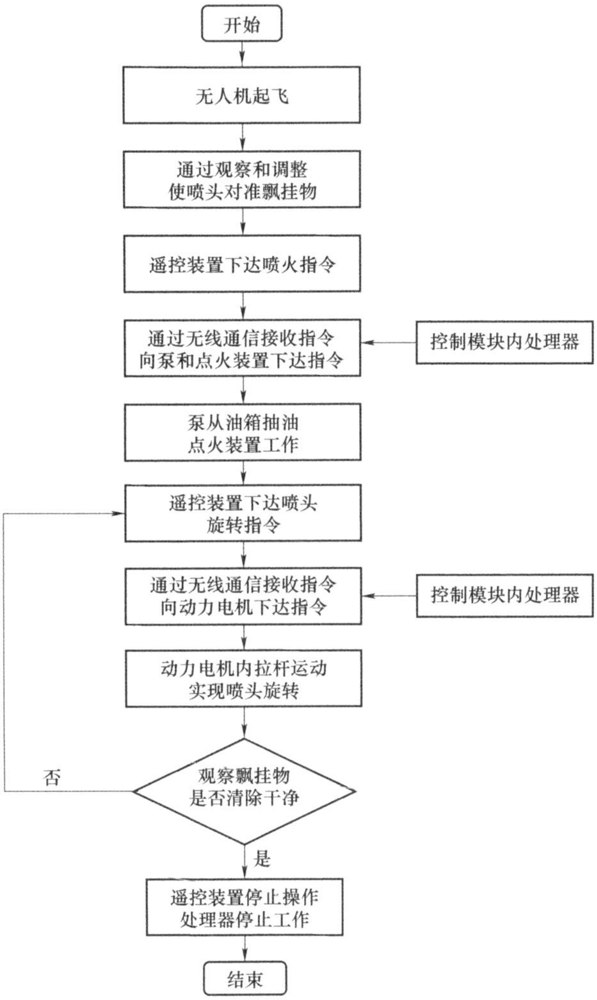

图6－5 操作流程

设计组装喷火装置：我们将装置不断调试后，经过试验所喷火焰长度达到3m以上，火焰温度在380°～450°之间，持续喷射时间不小于1min，旋转灵敏，满足喷火清障要求。我们将装置不断调试后，经过试验所喷火焰长度达到3m以上，火焰温度在380°～450°之间，持续喷射时间不小于1min，旋转灵敏，满足喷火清障要求，见图6－6。

图 6-6　正在作业的喷火清障无人机

（7）标准化。通过本次活动，小组成员将活动中的有效措施编制相关文件并将该装置投入到工作中使用。小组成员将本次 QC 活动的图纸、资料、说明书，归入班组 QC 活动资料。

随着激光产业的发展，利用可控激光清除异物成为趋势，近年来，激光发射装置体积越来越小，在日常巡检工作中，要继续调动工作人员的积极性，按照“小、实、活、新”的原则，不断检查、发现问题及时运用 QC 的方法解决生产实际存在的问题，为安全生产服务，见表 6-6。

表 6-6　　**活 动 总 流 程**

序号	措施	实施人	实施时间
1	将该喷火清障无人机申请受理发明专利	×××	2018 年 10 月 01 日
2	编制《基于多旋翼无人机可旋转式智能喷火清障装置操作说明书》	×××	2018 年 7 月 10 日

续表

序号	措施	实施人	实施时间
3	通过国网××电力有限公司验收	×××	2018年12月29日
4	进行技术培训提高全员技术水平	×××	2018年7月29日

3. 基于多旋翼无人机可旋转式智能喷火清障装置操作手册

安全检查操作步骤：

检查无人机电池电量是否充满电，检查6颗电池电量是否一致没有太大差异，将电池安装在无人机上；展开机臂，用无人机自带的紧固结构紧固机臂，卸下螺旋桨保护套，展开螺旋桨。

将喷火装置安装在无人机上，连接上喷火装置与无人机的电源（XT60接口）；给喷火装置添加燃油，燃油不能添加过满，油箱的油面不超过80%，拧紧油盖，拔掉平衡气压阀。

检查Gopro相机是否充满电，将Gopro相机安装在无人机相应位置上，将无人机的图传信号线（hdmiA型母头）通过转接线连接到Gopro的HDM接口上（microhdmi）；检查遥控器电量是否在50%以上，打开遥控器；打开无人机电池，打开喷火器电源开关，打开Gopro电源开关。

用数据线连接遥控器到平板，打开平板上面的App，进入App操作界面；检查无人机各项参数是否正常，有无警报提示等，等待无人机搜索连接GPS卫星，等待无人机记录返航点。

一切无误后手动操作起飞无人机（p定点模式），遥控喷火无人机到作业点，调节无人机与飘挂物的距离；开启喷油、点火，实现喷火无人机的喷火清障功能，通过平板显示Gopro拍摄传输回来的第一视角手动操作调节喷火角度，使得飘挂物被充分烧毁。

停止喷油，熄灭火焰，手动操作喷火无人机平稳降落；如果点着的飘挂物掉落引燃其他可燃物品，应立刻灭火，消除隐患；关掉无人机电池，关掉喷火装置电源开关，关掉Gopro电源开关，关掉遥控器开关；将剩余的燃油倒回油箱或者就地倒掉，拧紧油盖，插上平衡气压阀。

4. 无人机喷火清障作业指导书

（1）基本信息，见表6－7。

表 6－7　　基　本　信　息

作业班组		作业开始时间	作业结束时间	
作业任务				
工作地点				
工作负责人		工作人员		
是否带电	是（　） 否（　）	关联一或两种工作票号		（　）一种 （　）两种
关联动火工作票号				

（2）作业前准备，见表 6－8。

表 6－8　　作 业 前 准 备

序号	准备项	准备次项	准备项内容	工作负责人确认
1	人员	是否正确穿戴	是否正确穿戴工作服和安全帽等	确认（　）
2	站班会	安全交底	查着装、查状态、查装置，交任务、交技术、交安全	确认（　）
3	工器具	工器具检查	① 喷火无人机 1 台，检查设备正常；② 无人机遥控器，确保电量充足；③ 记载视屏设备，如：Gopro3、Gopro4 等，检查正常，电量充足；④ 地面工作站、监视器及脚架检查正常；⑤ 无人机动力电池 6S 16 000～22 000mAH，1 个作业点配备 3～4 块，根据作业点输电增加，确保电池电量充满；⑥ 喷火作业混合燃料，当个作业点配备 5L，根据作业点数量增加；⑦ 燃料加注泵手动/电动，数量 2 个；⑧ 手持干粉灭火器，每个作业点配备至少 3 支，确保必须在有效期限内；⑨ 其他工具：必要的螺丝刀、钳子等工具，护目镜，现场围蔽带或雪糕筒	确认（　）

（3）作业风险，见表 6－9。

表 6－9　　作　业　风　险

一、基准风险			
序号	危害名称	风险控制措施	工作负责人确认
1	坠机	① 恶劣天气下禁止飞行，如大风（风速五级及以上）、下雪、下雨、有雾天气等； ② 飞行时，保持在视线范围内控制，使无人机时刻与障碍物、人群、水面等物体保持足够距离； ③ 不得在饮酒、吸毒、药物麻醉、头晕、乏力、恶心等其他身体状态不佳或精神状况下操控无人机； ④ 禁止使用已鼓包的、外皮损坏的、已报废的电池； ⑤ 低电量警报时无人机尽快返航； ⑥ 为防止遥控器与其他无线设备互相干扰，务必在关闭其他无线设备后在使用无人机遥控器	确认（　）
2	物体打击	① 作业前先开启无人机遥控电源再接上无人机动力电池，作业结束后先断开无人机动力电池再断开无人机遥控器电源； ② 禁止靠近接触旋转中的螺旋桨； ③ 无人机空中作业时，禁止在其下方站立	确认（　）

续表

序号	危害名称	风险控制措施	工作负责人确认
3	消防	① 接通燃料及点火电源前，确保遥控器控制挡位处于零挡； ② 现场禁止吸烟或其他产生明火的行为，燃料储存箱宜放置在通风阴凉处； ③ 现场配备足够灭火器； ④ 现场应安排人员时刻监控作业现场环境，及时发现消防隐患； ⑤ 离场前确保未留下任何火种	确认（ ）
4	工器具异常	① 按标准使用无人机、保存应妥当； ② 检查无人机及相关工器具外观是否完好、功能部件通电检查是否正常； ③ 工具车辆使用前做好必要的检查	确认（ ）
5	遗留工器具	工作负责人检查作业现场，确认无遗留工具、材料	确认（ ）

二、新增风险

序号	风险描述	控制措施	工作负责人确认
1			确认（ ）
2			确认（ ）

喷火清除异物现场作业中要注意预防产生次生灾害，如：火烧伤输电线路设备部件或通道环境植被着火等。

（4）作业过程及记录。

1）作业过程，见表 6－10。

表 6－10　　作　业　过　程

序号	作业内容	作业标准	作业结果
1	现场交底	① 工作负责人应明确本次作业任务，周边环境及作业现场线路电压等级、安全距离等。 ② 确认本次作业地线是否 OPGW；导线正下方是否有 ADSS 光缆；横担或塔身喷火作业处是否靠近复合绝缘子串或光纤线路；作业正下方存在易燃垃圾、干枯枝树叶、可燃性绿色植被等；作业周边存在易燃易爆设施（天然气石油管道、加油站等）。若存在以上情况，请在下面填写安全举措并线路所属班组签字确认本次作业是否具备安全作业条件。若评估后确认不具备安全作业条件应当终止作业，签字。 ③ 评估作业现场是否毗邻军事禁区与政府机关、机场等禁飞区，必须确保远离禁飞区，且飞行高度限 120m 以下。 ④ 作业现场不得临近通信干扰设施，如中国移动、中国联通、中国电信等公司的移动通信基站。 ⑤ 评估本次作业可行性、安全性，规划安全的飞行路线。 ⑥ 现场作业人员均应佩戴护目镜	确认（ ）
2	现场围蔽	① 在公路、城中村、广场等公共场所及群众较多的地方空中作业时，必须距作业现场 30m 开外做好围蔽隔离。 ② 现场占用到公路、村道等作业时，应在车辆来往方向距作业地点 30m 开外做好封路措施	确认（ ）
3	现场消防	① 作业现场必须配备灭火装备，作业前做好风险评估。 ② 现场至少配备 3 支干粉灭火器，并放置显眼、易取的位置。 ③ 设专人监控现场及周围火灾隐患，发现火灾险情应立即报无人机操作人员停止作业	确认（ ）

续表

序号	作业内容	作业标准	作业结果
4	动火工作票报许可	现场工作负责人报动火工作票许可人许可动火工作	确认（ ）
5	设备准备	① 检查无人机、遥控器、地面站及监视器等设备外观及接线良好，螺旋桨、GPS 天线是否固定好。 ② 安装机载相机、动力电池、地面站/监视机电池及电池电压报警器等。 ③ 加注燃料（注：禁止吸烟、防止明火产生）	确认（ ）
6	通电测试	① 无人机油门锁定及遥控器所有摇杆、按键调至 0 档。（注：除少数机型特殊设置外） ② 首先打开遥控器电源后 5～15s 内接通无人机动力电源，再接喷火装置电源。（注：严格遵守接电顺序） ③ 等待 1～5min，待无人机自检完成后，查看地面站/监视器各项参数、图像是否正常，设置动力电源报警电压值 3.6V。 ④ GPS 模式下，GPS 卫星颗数达 7 颗以上方可飞行。 ⑤ 测试喷火装置是否能正常工作。（注：喷火装置需重新调整时，必须先断开所有电源） ⑥ 测试完成后向现场负责人报告，进入待飞状态	确认（ ）
7	起飞作业	① 再次确认无人机机械性能及其各项参数正常，外部环境条件均满足起飞作业。 ② 作业过程中现场负责/监护人，需时刻监视空中安全作业和现场易燃点情况，若有情况发生及时防控。 ③ 作业时无人机需与线路设备保持 3～5m 的作业安全距离。（注：受现场环境影响前提下，保证安全前提下可进行适当调整） ④ 需多架次作业时，严格遵守 4、5、6 项作业要求进行作业	确认（ ）
8	结束作业	① 确认作业无人机安全降落，并且断开无人机电源。 ② 确认现场火灾防控点无火灾发生，如有明火应及时组织人员进行灭火工作。 ③ 确认飘挂物清除清情、检查线路设备情况。 ④ 作业结束及时向上级汇报工作情况，停电处理的及时向停电部门申请恢电	确认（ ）

2）作业记录，见表 6－11。

表 6－11　　作　业　记　录

无人机喷火清障作业项目					
序号	线路名称	杆塔号	位置	飘挂物类型	备注
1					
2					

3）作业终结，见表 6－12。

表 6－12　　作　业　终　结

序号	项目	内容	结果
1	作业后记录	① 飘挂物体/障碍已清除，线路设备正常及周边环境无异常	确认（ ）
		② 飘挂物体/障碍本次无法清除需改用其他方法，线路设备正常及周边环境无异常	确认（ ）

续表

序号	项目	内容		结果
2	结论	是否正常		确认（ ）
3	发现问题			确认（ ）
4	处理结果			确认（ ）
5	风险变化			确认（ ）
6	结束工作	已办理工作终结手续		确认（ ）
记录人签名			线路所属班组签名	
备注				

（三）无人机牵绳

随着电网的快速发展，高压、超高压输电线路越来越成为骨架电网，对供电可靠性的要求越来越高，开展带电作业处理线路缺陷、安装附属设施等等，可大大减少停电次数，提高供电可靠性和电力企业效益。目前，超高压输电线路带电进入导线的方式主要是通过耐张塔自由进入或攀爬绝缘软梯进入强电场后沿着导线行走至工作地点的工作方法，但以上两种进入强电场的方式都存在一定的弊端，研究带电作业新方法、开发带电作业新工具是保证带电作业安全和提高作业效率的重要手段。为了更加安全、便捷地进行输电线路带电作业，积极组织研究探索，通过采用无人机投掷系统抛挂绝缘工作绳的新方法进行带电作业，可实现作业人员快捷、方便悬挂绝缘工作绳。同时，利用无人机空中悬停的优势，现场安全员通过无人机实时传回的影响就能实时对现场作业进行安全监督，有效降低了作业人员的劳动强度，较大地提高了带电作业效率，提高了带电作业的安全性、应用性。

1. 现状分析及存在问题

750kV 线路电压等级高、输送距离远，常年暴露在荒郊野外，受自然和外力破坏的概率较高，难以避免发生线路缺陷。按照设计要求，750kV 线路往往铁塔较高、档距较大。目前，超高压输电线路带电进入导线的方式主要是通过耐张塔自由进入或攀爬绝缘软梯进入强电场后沿着导线行走至工作地点的工作方法，但以上两种进入强电场的方式都存在一定的弊端：若是通过耐张塔自由进入的方式进入强电场，一方面需要作业点位于耐张塔较近，以减少等电位人员导线上行走距离；另一方面需要在进入前对绝缘进行检测，检测结果须满足自由进入的条件。

若是通过攀爬绝缘软梯进入强电场，需要地电位电工携带绝缘工作绳攀爬铁塔，将绝缘工作绳抛挂于作业的相导线，由于超高压线路铁塔高度平均在 50m，攀登铁塔势必存在一定的困难与危险；同时，作业点往往并非位于第一个次档距内，因此还需要多名地面电工在地面拉拽绝缘工作绳跨越导线间隔棒至作业点位置，由于间隔棒支臂结构面高出导线，地面拉拽跨越间隔棒过程十分困难。

750kV 线路高空带电作业是一项十分危险的工作，现场安全员必须时刻监督好作业人员的安全，在以往作业过程中，现场安全员很多时候只是站在地面指导作业人员开展工作，监督作业人员作业安全，可当遇到作业点距离地面较高的时候，现场安全员就很难清楚地看到作业人员的工作情况了。

2. 带电进入强电场新方法的研究

（1）无人机携带投掷装置挂接绝缘工作绳方法研究。针对以上情况，积极研究在无人机上加装投掷系统，该投掷系统主要由图传系统、投掷装置、投掷控制器、绝缘牵引绳及钎坠组成。其中，投掷装置由收发器、悬挂控制开关、供电电源三部分构成。在超高压输电线路带电进入导线工作前，将投掷装置安置在无人机安放平台上，将绝缘牵引绳（含铅坠）安放于投掷装置的悬挂控制开关内，操纵无人机飞跃导线上空适当高度后按下投掷控制器按钮，绝缘牵引绳（含铅坠）跨越作业相导线并在另侧坠落到作业点下方地面，地面电工通过绝缘牵引绳将绝缘工作绳悬挂于导线后再通过绝缘工作绳将绝缘软梯传至作业相导线并挂接牢固，等电位人员做好保护后攀爬绝缘软梯进入导线工作点进行等电位工作。

（2）无人机的机型选择。综合无人机的硬件配置、续航能力、适用范围等方面考虑，我们选择大疆公司生产的 M300 四旋翼无人机。本机具有敏捷、稳定、安全的飞行性能，操控简单，可在低空实现稳定飞行和悬停，根据实际需要还可安装各种附件等特点。同时，通过图传系统可以使地面人员近距离观察设备情况及带电作业人员的整个操作过程，满足现场工作需要，适合 500kV 和 750kV 超高压输电线路带电作业的应用。

（3）无人机进入强电场安全距离的具体要求。无人机进入强电场安全距离的校验本机高度为 301mm，旋翼的最大直径为 345mm，最长机架为 450mm。按照设计的要求，750kV 线路最小垂直线间距为 10m，弧垂的最小允许偏差为+3%，《电力线路安全工作规程》中规定 750kV 线路等电位作业中最小组合间隙为 5.0m。按照上述要求进行计算，当本机穿行 750kV 线路相导线时最小保留的空气间隙为 $10-10\times3\%-0.45=9.25$m，满足规程规定的 500kV 线路等电位作业中最小组合间隙为 3.9m 的安全距离要求，因此，本机可以用于 500kV 线路线档间穿行。

（4）采用无人机携带投掷装置挂接绝缘工作绳的优点。超高压线路铁塔高度平均在50m，利用“无人机投掷系统”有效解决了作业人员登塔抛挂绝缘工作绳存在一定的困难与危险。带电作业工作点往往并非位于线路的第一个次档距内，对于常规登塔抛挂的绝缘工作绳需要多名地面电工在地面拉拽绝缘工作绳跨越导线间隔棒至作业点位置，由于间隔棒支臂结构面高出导线，地面拉拽跨越间隔棒过程十分困难，而利用“无人机投掷系统”能够直接、快捷地将绝缘工作绳悬挂于带电作业工作点位置。利用“无人机投掷系统”悬挂绝缘工作绳，降低了地面人员的劳动强度，为整个带电作业节省了宝贵的时间。

（5）无人机携带投掷装置挂接绝缘工作绳方法的应用。2015 年 7 月 31 日，带电更换 500kV 合南 2 号线 0454 号大号侧右线第三个间隔棒。2015 年 9 月 15 日，带电更换 750kV 更换永哈乙线 0086 号大号侧左线第四个间隔棒。2015 年 11 月 3 日，750kV 云方甲线 0105 号大号侧 B 相第三子导线断股缺陷带电处理时，地面作业人员采用无人机投掷系统顺利完成了绝缘工作的悬挂，避免了作业人员登塔进行绝缘工作绳，为整个带电作业节省了近 50%的时间。

（6）无人机图传系统在带电作业过程中的应用。在带电检修作业中，利用无人机的悬停优势，让无人机充当作业现场的“空中安全员”，工作负责人只需站在地面，通过无人机的图传系统实时传输回来的影像，就能实时对作业人员作业安全进行实时监督，降低了登塔带来人身风险的概率，提高了现场安全监督工作质量。

无人机携带投掷装置挂接绝缘工作绳的方法进入强电场新方法的应用，实现了快速、安全悬挂绝缘绳，具有现场操作方便的特点，极大地简化了现场作业的操作流程，降低了作业人员的劳动强度，提高了带电作业工作效率，切实为电力公司创造了效益。通过无人机图传系统实现了地面人员对高空作业人员的实时监督。今后，针对现有无人机续航时间短、高空飞行受气流影响稳定性不高及其承载能力较低等问题，我们将积极研究、努力创新，实现无人机在带电作业领域更多的创新与应用。